Robert Jungnischke • Der Koiteich

Robert Jungnischke

Der Koiteich

Das Handbuch der guten fachlichen Praxis für Teichbau und -technik, Koikauf und -haltung

Dähne Verlag

Fotonachweis:
Alle Fotos und Grafiken, außer den besonders gekennzeichneten, sind vom Autor.
Foto Titelseite: Daniel Vincek, stock.adobe.com

Bibliografische Information der Deutschen Bibliothek

Die Deutsche Bibliothek verzeichnet diese Publikation in der Deutschen Nationalbibliografie; detaillierte bibliografische Daten sind im Internet über http://dnb.dnb.de abrufbar.

ISBN 978-3-944821-42-9

Druck: Grafisches Centrum Cuno GmbH & Co. KG
Printed in Germany

Inhalt

Vorwort

Die Haltung von Koi ist ein wunderschönes Hobby. Leider ist die Einstiegshürde und die Gefahr, viel Geld zu verbrennen ziemlich hoch. Denn es gibt nicht nur den einen Weg, einen Koiteich zu bauen, sondern aus den Vorstellungen, Wünschen und dem Kenntnisstand des Koihalters entsteht eine individuelle Situation, aus der sich die für ihn optimale Teichanlage ergibt. Wesentliche Faktoren sind dabei Zuverlässigkeit, Wartungsaufwand, Anschaffungs- und Betriebskosten.

Dieses Regelwerk bezieht sich ganz allgemein auf Teichanlagen zur Haltung von Koi.

Zwar sind alle Koi letztlich Karpfen mit grundsätzlich gleichen Bedürfnissen, dennoch sind Eurokoi längst nicht so empfindlich wie die hochgezüchteten Koi aus Japan. Dementsprechend wird der Halter mehr oder weniger Aufwand beim Teichbau und der Ausstattung des Teichs betreiben müssen, um seine Fische gesund zu erhalten.

Bevor ich mit der Arbeit als Sachverständiger begann, gab es für Koihalter und Teichbesitzer keine Möglichkeit, auf ein Regelwerk über den Koiteichbau und die Koihaltung zurückzugreifen. Das führte oft dazu, dass sich die Auftraggeber nicht gegen schlecht gebaute Koiteiche wehren konnten, weil es dem Gericht nicht möglich war, eine Entscheidung zu fällen und der Fall dann niedergelegt wurde.

Damit alle Beteiligten wissen, worauf sie sich einlassen und damit Auftraggeber und Auftragnehmer so etwas wie einen roten Faden haben, an dem sie sich entlanghangeln können, habe ich die „Gute fachliche Praxis der Koihaltung" zu den Grundlagen der Koihaltung und des Koiteichbaus entwickelt.

Herrn Tierarzt Dr. Werner Hoedt danke ich für seine fachliche Unterstützung, Herrn Rechtsanwalt Stühle für die Möglichkeit, seine Beiträge aus dem KLAN-Magazin hier abzudrucken.

Robert Jungnischke

ö.b.u.v. Sachverständiger für Koihaltung, Koiteichbau und Koibewertung

PS: Sollte eine Ihrer Fragen hier nicht beantwortet werden, dürfen Sie mich gerne kontaktieren. Ebenso, wenn Sie ein Problem mit Ihrem Teich haben und Rat und Hilfe benötigen. Tel.: 0 22 36-3 22 88 91. E-Mail: info@koi-consult.de

Foto: m_muc_1968, stock.adobe.com

Einleitung

Als ich das erste Mal einen Koiteich und richtig große Koi sah, war es um mich geschehen – so etwas wollte ich auch haben. Was dann folgte waren Jahre, in denen ich jede Menge Geld in Teichbaumaßnahmen und Teichprodukte steckte und viel Lehrgeld durch falsche Beratung und unpassende Produkte bezahlt habe, und das hat mich sehr verärgert. Die Problematik besteht nämlich darin, dass der Kunde, der sich einen Teich bauen lässt, erst ein bis zwei Jahre später merkt, dass der Teich schlecht gebaut wurde. Da der Garten dann fertig ist und meist viele Koi im Teich schwimmen, ist die Hürde für eine Reklamation und einen Neubau entsprechend hoch.

Um in solchen Fällen helfen zu können, bin ich seit 2004 Sachverständiger und seit 2009 öffentlich bestellt und vereidigt. Da der Begriff des Sachverständigen in Deutschland nicht geschützt ist, war es mir von Beginn an sehr wichtig, öffentlich bestellt und vereidigt zu werden. Dazu wird man von der zuständigen Behörde auf seine Sachkunde geprüft

und erklärt darüber hinaus unter Eid, stets objektiv und unabhängig zu sein. Ebenso verpflichtet man sich zur stetigen Weiterbildung.

Gerichte holen sich vereidigte Sachverständige zu Hilfe, um aus fachlicher Sicht Antwort auf Streitfragen zu bekommen. Für das komplette Thema Koiteichbau und -haltung gab es bis dahin leider niemanden. Bereits 1999 startete ich mit einer Internetseite, auf der ich über meine Erfahrungen bei der Koihaltung schrieb. Daraus resultierten die ersten Beratungen und Vorträge. Später fragte mich der Vorsitzende des KLAN (einziger deutscher Koiverein), ob ich Lust hätte, als Sachverständiger zu arbeiten, um den Geschädigten bei Gericht zu ihrem Recht zu verhelfen. Und so begann ich, die „Gute fachliche Praxis der Koihaltung und des Koiteichbaus" zu entwickeln. Ich las sicher alle Bücher über Koiteichbau, besuchte Weiterbildungen und Seminare und baute selber mehrere Teiche. Auch habe ich fast alle Fehler, die man machen kann, selber gemacht.

Was versteht man unter „Guter fachlicher Praxis"?

Als ‚gute fachliche Praxis' wird im deutschen Recht die Einhaltung von Grundsätzen des Tier- und Umweltschutzes in der Land-, Forst- und Fischereiwirtschaft bezeichnet. Sie ist ein Handlungsrahmen für Maßnahmen,

- die in der Wissenschaft als gesichert gelten,
- aufgrund von Erfahrungen als geeignet, angemessen und notwedig anerkannt sind,
- von der amtlichen Beratung empfohlen werden und den sachkundigen Anwendern bekannt sind.

Die „gute fachliche Praxis der Koihaltung und des Koiteichbaus" sind diejenigen Prinzipien und Techniken, die über einen gewissen Zeitraum (mindestens drei Jahre) erprobt sind, sich bewährt haben und sich bei der Mehrheit der Praktiker zum Betrieb von Koiteichen durchgesetzt haben.

Die nachfolgenden Kapitel stellen den funktionellen Rahmen für den Bau und Betrieb von Koiteichen und der Pflege von Koi dar. Hierbei habe ich, neben den Informationen aus der Fachliteratur über Aquakultur und Koi, auch meine über die Jahre gemachten Erfahrungen einfließen lassen.

Dieses Regelwerk kann nicht die rechtlichen und normativen Anforderungen an die Planung, den Bau und die Installation des eigentlichen Beckens (Rohbau) und seiner technischen Abdichtung abdecken. Hier sind insbesondere zu beachten:

Bürgerliches Gesetzbuch – BGB
Baugesetzbuch – BauGB mit Baunutzungsverordnung – Bau NVO
Wasserhaushaltsgesetz – WHG
Trinkwasserverordnung – TrinkwV
Bundesnaturschutzgesetz – BNatSchG
Landesbauordnung – LBO
Landeswassergesetze
Nachbarrechtsgesetze
Naturschutzgesetz
DIN-Normen, Vergabe- und Vertragsordnung für Bauleistungen (VOB)
VDE 0100-702
VDE 0100-520

Foto: WilliamCho, Pixabay

Kein Koiteichbau ohne schriftlichen Vertrag über Umfang, Leistung und Schnittstellen. Mündliche Vereinbarungen in einem Beratungsprotokoll festhalten. Gewährleistungsschnittstellen und das Thema Eigenleistungen besonders gut definieren. Alles was mit der Abdichtung zu tun hat, sollte in einer Hand sein. Grundsätzlich sollte der Auftragnehmer (Teichbauer) im Zweifel für alles verantwortlich sein.

Planung

Perfekte Wasserqualität

Eine Koi-Teichanlage sollte so gebaut sein, dass die Tiere gesund bleiben und sich entsprechend ihren genetischen Ressourcen entwickeln. Die Anlagentechnik soll dies sicherstellen. Die Koi werden wachsen und der Bestand wird erfahrungsgemäß durch die Sammelleidenschaft des Halters größer werden als ursprünglich geplant. Sinnvoll ist es also, bei der Anlage eines Teichs Reserven vorzusehen. Wie diese im Einzelnen aussehen können, dazu später mehr.

Eine zentrale Bedeutung hat in der Fischhaltung die Aufrechterhaltung der bestmöglichen Wasserqualität. Das Haltungswasser hat dabei eine Reihe von Aufgaben zu bewältigen:

- Es übernimmt die Bereitstellung und die Verteilung des Sauerstoffs.
- Die Koi geben die Stickstoffausscheidungen an das Wasser ab.
- Ausscheidungen der Fische, Nahrungsreste und externe Belastungen werden über das Wasser aus dem System abgeführt.
- Die Bereitstellung der Nahrung erfolgt über das Wasser.

Die Temperatur des Haltungswassers bestimmt die Stoffwechselgeschwindigkeit und hat damit einen wichtigen Einfluss auf den Stoffwechsel der wechselwarmen (poikilothermen) Fische. Koi sind bei optimaler Wassertemperatur und einem optimalen Nahrungsangebot schnell wachsende Fische, deshalb sind zu ihrer Gesunderhaltung die Anlage und die Teichtechnik von besonderer Bedeutung.

Hierbei muss die Anlage immer im Zusammenhang betrachtet und bewertet werden. Ein guter Filter nützt nichts, wenn der Teich nicht richtig gebaut ist, und ein guter Teich funktioniert nicht bei mangelhafter Filtertechnik. Und beides nützt nichts, wenn die Umwälzrate zu gering ist.

Ein Koiteich hat wenig mit dem zu tun, was wir uns gemeinhin unter einem Gartenteich oder Biotop vorstellen. Nach meiner Erfahrung ist die Gesunderhaltung von Koi umso einfacher, je mehr der Koiteich einem Schwimmbecken ähnelt, d.h. eine einfache geradlinige Beckenform mit senkrechten Wänden ohne Pflanzen und Bodengrund.

Die Technik eines Koiteichs ist vergleichbar der Technik einer Kreislaufanlage in der Aquakultur, wie sie in der Speisefischproduktion Verwen-

aus:
Schmidt-Puckhaber, B. (2010), Fisch vom Hof. Fischerzeugung in standortunabhängigen Kreislaufanlagen

dung findet. In beiden Fällen möchte man eine bestimmte Anzahl an Fischen in einem Becken gesund halten und dabei so wenig wie möglich Ressourcen (Platz, Frischwasser, Energiekosten, Futter) verwenden.

„Unter optimalen Umweltbedingungen erreichen die verschiedenen Fischarten das stärkste artspezifische Wachstum, die höchste Kondition und den besten Gesundheitszustand. In den eingeschränkten Bereichen verringern sich das Wachstum und die Kondition, weil die Fische mehr Energie zur Anpassung an die Umweltbedingungen benötigen. In den kritischen Bereichen treten Stressreaktionen auf, die zum Anstieg der Stresshormone, zur Erhöhung des Blutzucker- und Milchsäuregehalts, zur Verhaltensänderung und längerfristig auch zu Anpassungserkrankungen führen".

„Stress durch ungünstige Umwelt-, Ernährungs-, und/oder Haltungsbedingungen ist in geschlossenen Kreislaufanlagen die häufigste Ursache für Wachstumsdepression, Konditionsmängel und Erkrankungen der Fische."

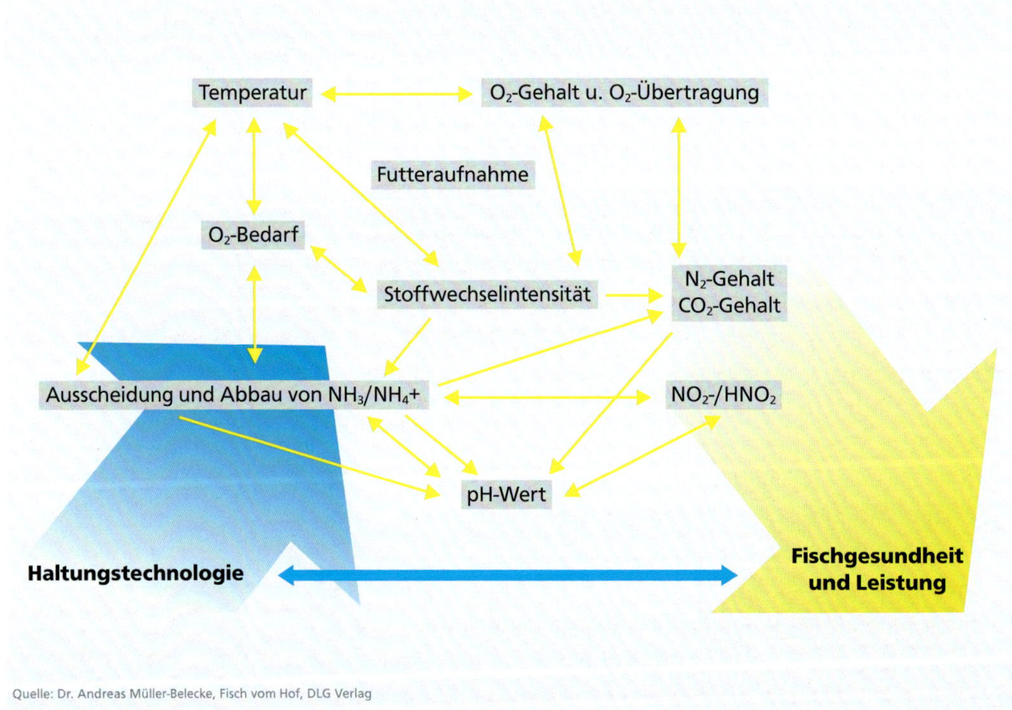

Quelle: Dr. Andreas Müller-Belecke, Fisch vom Hof, DLG Verlag

Grafik: Thorsten Hardel

Umweltparameter	ME	kritischer unterer Bereich	eingeschränkter unterer Bereich	optimaler Bereich	eingeschränkter oberer Bereich	kritischer oberer Bereich
Sauerstoff (O_2)	mg/l	bis 3,0	4,0...4,9	5,0...30	31...35	bis 40
pH-Wert		bis 5,5	6,0...6,9	7,0...8,3	8,4...10	bis 10,5
Kohlendioxid (CO_2)	mg/l	bis 0,5	1...6	7...18	19...20	bis 25
Stickstoff (N_2)	%			< 100	100...103	bis 105
Ammoniak (NH_3)	mg/l			< 0,02	0,02...0,1	bis 0,2
Salpetrige Säure (HNO_2)	mg/l			<0,0004	0,0004...0,001	bis 0,0004
Nitrit (NO_2)	mg/l			<1,0	1,0...3,0	bis 5,0
Nitrat (NO_3)	mg/l			<200	2000...300	bis 600
Leistungskurve		Stress				Stress

Quelle: Fisch vom Hof, DLG Verlag/Foto: pojvistaimage, stockphoto.adobe.com

Wasserparameter und ihre Grenzwerte, die zur gesunden Haltung von Karpfen (Koi) erforderlich sind.

Neben den Wasserparametern an sich, ist es auch von besonderer Bedeutung, wie schnell sich diese verändern. Dies mag an einem Beispiel deutlich werden: Wie in der Tabelle zu sehen ist, können Karpfen (Koi) in einem pH von 6 überleben, gleichfalls aber auch in einem pH von 10. Setzt man nun Fische von 10 in 6 oder umgekehrt, dann werden diese in Kürze verenden, weil die Veränderung zu groß ist.

Bei der Haltung von Fischen wird oft von Stress gesprochen. Alle Umweltbedingungen, die nicht im optimalen Bereich liegen, erzeugen Stress, sodass auch viele kleine negative Haltungsbedingungen in der Summe zu dauerhaften Problemen führen. Daher sind optimale Umweltbedingungen unverzichtbar. Erschwerend kommt hinzu, dass im offenen System des Teichs nicht nur die jahreszeitlichen Veränderungen auftreten, sondern auch diejenigen, die alle 24 Stunden stattfinden – wie die Umkehr der Fotosynthese in der Nacht, die dann zu einem Sauerstoffmangel führen kann.

Foto: Sandra Lechleiter

Hoher Fischbesatz erfordert viel Frischwasser und gute Filterleistung.

Besatzdichte

Die Frage, wie viele Koi man in welcher Teichgröße halten kann, ist nicht pauschal zu beantworten. In einem mehrere Jahre alten Teichsystem ist der biologische Filter leistungsstärker als in einem neu angelegten Koiteich. Im beheizten Teich können ebenfalls mehr Koi gehalten werden als im unbeheizten.

Anfangs braucht es eine gewisse Zeit, einen neuen Teich einzufahren. Das bedeutet, die Wasserbelastung langsam zu steigern, sodass sich der Biofilter entsprechend entwickeln kann – ein Koi pro zehn Kubikmeter reicht am Anfang aus. Nach zwei bis drei Monaten und einer Wassertemperatur von mindestens 18 °C kann der Bestand auf einen Koi pro drei Kubikmeter erhöht werden. Eine höhere Koidichte kann nur in einem beheizten Teich realisiert werden, ohne Heizung sollte nie mehr als ein Tier pro drei Kubikmeter Wasser gehalten werden.

In jedem Fall ist die Anzahl an Koi ausschlaggebend für die Größe und Auslegung des Teich- und Filtersystems. Die maximale Fischbelastung für das vorhandene System ist individuell zu bestimmen und vorher festzulegen, denn sie hängt neben den physikalischen Parametern auch von der Erfahrung des Teichbetreibers ab.

Aufgrund der Tatsache, dass Koi schnell wachsende Fische sind, wird zur Bestimmung der Fischmenge von großen Tieren (ca. 80 Zentimeter) ausgegangen. Um die Wasserbelastung, die aus der Fischgröße resultiert, zu bemessen, wird sie in Fischgewicht umgewandelt. Dieses ist wiederum die Bezugsgröße für die erforderliche Futtermenge, die dann letztendlich die Wasserbelastung erzeugt. Die nachfolgende Tabelle gibt einen Hinweis, wie viel Kilogramm Fisch das in etwa bedeutet:

Größe der Koi und ihr Gewicht

Größe	Gewicht
8 – 10 cm	15 g
10 – 13 cm	45 g
13 – 15 cm	70 g
15 – 20 cm	100 g
20 – 25 cm	200 g
25 – 30 cm	350 g
30 – 35 cm	600 g
35 – 40 cm	800 g
40 – 45 cm	1 kg
50 cm	2 kg
60 cm	4 kg
70 cm	7 kg
80 cm	10 kg

Werte von der Narita Fisch Farm. (aus: KLAN Magazin, Nishikigoi Verlag).

Es entspricht allerdings nicht den Tatsachen, dass sich Fische an die Größe ihrer Umgebung anpassen. Sofern sie mit allem versorgt werden, was sie benötigen, wachsen sie bis zu ihrem Lebensende – allerdings immer langsamer.

Der perfekte Standort ist eine wichtige Voraussetzung für einen erfolgreichen Koiteich.

Standort

Zu den Umgebungsbedingungen, die sich auf den Bau, die Instandhaltung und die Nutzung auswirken, gehören insbesondere:

- klimatische Verhältnisse (Niederschlag, Temperatur etc.)
- Industriebetriebe (Luftverschmutzer)
- Nutzung angrenzender Flächen (Landwirtschaft, Industrie etc.)
- Topographie (Hanglage etc.)
- Überschwemmungsgefahr (Flussnähe)
- Erdbebengefahr
- Hochspannungsleitungen, Strom- und Gasleitungen in der Erde
- Schutzgebiete

Die Grundstücksgröße spielt natürlich eine Rolle, denn die Mindestgröße des Teichs sollte bei zehn bis zwanzig Kubikmetern liegen, je nachdem, ob der Teich geheizt werden kann oder nicht. Die Lage im Grundstück sollte so gewählt werden, dass der Teich sich harmonisch in die Gesamtkonzeption des Gartens einfügt. Dabei sollte er möglichst nahe am Haus errichtet werden, damit der Besitzer auch in Schlechtwetterphasen seine Koi beobachten kann. Besonders zu beachten sind:

- Vorhandene Baulichkeiten
- Der Bebauungsplan
- Anbindung an Ver- und Entsorgungseinrichtungen
- Baumbestand und Wurzeln (Beschattung, Laub, Pollenflug etc.)
- Sicherungsarbeiten am Grundstück (Hanglage)
- Sonnenscheindauer und Einstrahlungswinkel

Die Art des Baugrunds entscheidet über Art und Umfang der Baumaßnahmen:

- Gewachsener oder aufgeschütteter Boden
- Stand des Grundwassers
- Zu erwartende Setzungen des Bodens nach den Bauarbeiten
- Lagerung und Entsorgung des überflüssigen Aushubs

Ein Koiteich muss so angelegt werden, dass durch Regen (auch Starkregen) keine unerwünschten Substanzen hineingelangen können. Wird er in unmittelbarer Nähe zum Haus gebaut, so muss sichergestellt werden, dass im Falle eines Starkregens und einer Undichtigkeit am und im Haus kein Schaden entstehen kann.

Wird der Teich am Fuße eines Hanges angelegt, so muss zwischen Hang und Teich eine ausreichend breite Drainage installiert werden. Grundsätzlich ist die Lage so zu wählen, dass durch den Standort zu keiner Jahreszeit die Betriebssicherheit der Anlage gefährdet ist.

Koiteiche liegen ja meist in einem bepflanzten Garten, der regelmäßig Dünger und manchmal auch ein Herbizid benötigt. Es muss sichergestellt sein, dass dann durch Regen keines dieser Mittel in das Teichwasser gelangt. Schließlich ist auch die Sicherungspflicht gegenüber Kindern während und nach der Bauphase wichtig.

Beschattung des Teichs

Koi besitzen keinen Schutz gegen das UV-Licht der Sonne. In der Natur benötigt der Karpfen keinen Schutz, da er fast ausschließlich in trübem Wasser lebt. Der Sammler hochwertiger Koi möchte seine Fische jedoch jeden Tag in einem klaren Koiteich, in dem man bis auf den Grund sehen kann, betrachten.

Dies bedeutet also, dass die Fische vor der direkten Sonneneinstrahlung durch geeignete Maßnahmen – ein Sonnensegel oder die Belüftung des Teichs zwischen 10 und 16 Uhr – geschützt werden müssen. Erfolgt dies nicht, führt es zu irreversiblen Hautschäden.

Welche Technik?

Japanische Koi sind hochempfindliche Rassetiere, die besondere Ansprüche an ihre Umwelt stellen. Nur eine professionelle Teichtechnik kann auf Dauer sicherstellen, dass diese Ansprüche auch erfüllt werden. Sie muss auf Dauerbetrieb ausgelegt und in der Lage sein, mit der Belastung eines Koiteichs zu jeder Jahreszeit und bei jeder Wassertemperatur zuverlässig fertig zu werden.

Anlagenteile von Koiteichen

- Fischhaltungseinrichtung (Becken)
- Wasserförderung (Pumpen) und Sauerstoffanreicherungs-System (Belüfter)
- Mechanische Reinigung zur Entfernung von Kot und Futterresten aus dem Kreislaufwasser
- Biofilter bzw. biologische Reinigung zum Abbau des Ammoniaks und Ammoniums zum weitgehend ungiftigen Nitrat
- Heizungssystem für optimale Wassertemperaturen
- Frischwasserzufuhr und falls erforderlich Frischwasseraufbereitung
- Aufbereitung und Entsorgung des Ablauf- und Schlammwassers
- Eventuell Wasserdesinfektion
- Einrichtung zur Fütterung der Fische
- Automatisierung der Messung, Überwachung und Regelung bzw. Steuerung wichtiger Wasserparameter sowie der Fütterung
- Überlauf zum Kanal, um bei Starkregen eine kontrollierte Wasserabfuhr zu gewährleisten
- Havariesystem einschließlich einer Notstromversorgung

Im Gartenteich werden die Pumpen und technischen Geräte im Winter abgeschaltet, während sie in einem Koiteich ganzjährig rund um die Uhr laufen. Im Gegensatz zu einer Kreislaufanlage in der Aquakultur handelt es sich beim Koiteich um ein offenes System, das ständig äußeren Einflüssen ausgesetzt ist:

- Witterung, (Temperatur, Luft, Regen)
- Luftverschmutzung
- Jahreszeitliche Belastungen wie Pollen im Frühjahr, Laub im Herbst
- Eintrag von Störstoffen (Verschmutzung, Verstopfung)
- Veränderung der Wasserchemie durch Fotosynthese, geänderte Wetterlagen etc.

Funktionelle Einheiten eines üblichen Koiteichsystems

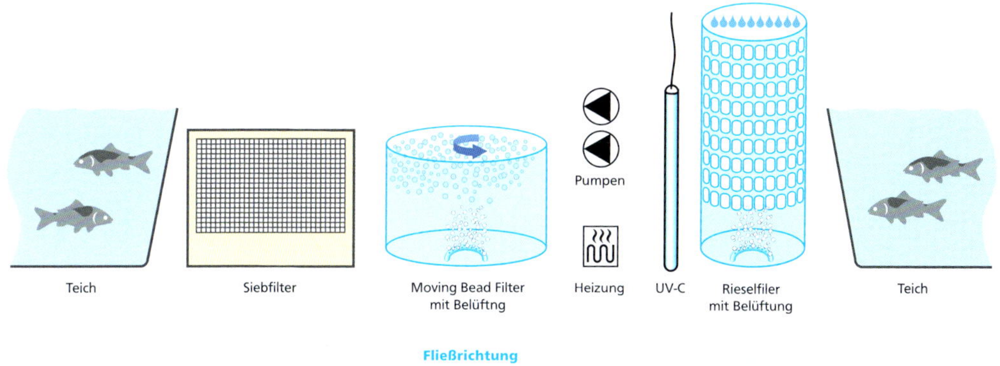

Grafik: Thorsten Hardel

Diese Einflüsse machen die Haltung schwieriger, als dies bei einer geschlossenen Indoor-Anlage der Fall wäre, weil sie einen direkten Einfluss auf die Wasserqualität und den Stoffwechsel der Fische und Bakterien haben, und weil sie häufig sehr schnell auftreten.

Gerade schnelle Veränderungen der Haltungsumgebung der Fische bedeuten für diese jedoch einen hohen Stress, der auf Dauer zu kranken Fischen führt.

Schematischer Koiteichaufbau (Aufsicht)

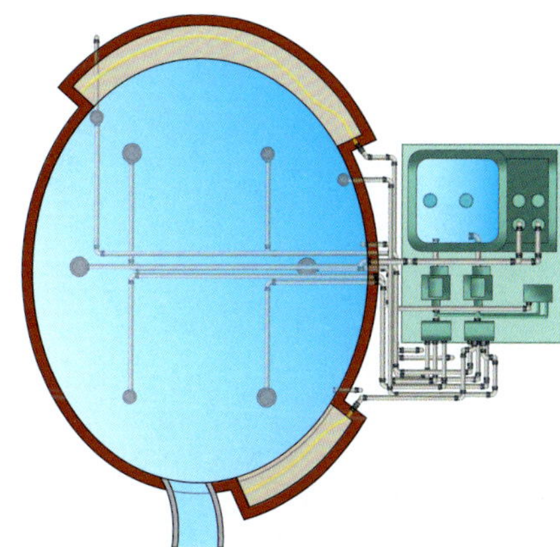

Grafik: Thorsten Hardel

Kreislauf im Koiteich

Das Wasser fließt in der Regel über die Schwerkraft in den Siebfilter und durch das Sieb in den Biofilter. Hinter dem Biofilter befinden sich dann die Pumpen, die das saubere Wasser wieder zurück in den Teich drücken. Durch den Widerstand in den Filtern und Rohren entstehen unterschiedliche Wasserniveaus. Diese variieren je nach Höhe der Umwälzrate – je größer diese ist, desto größer die Höhenunterschiede.

Wasserniveau bei Schwerkraftbetrieb

vom Teich bis zur Pumpe fließt das Wasser durch alle Filter per Schwerkraft

Teichniveau **Siebfilter** **Biofilter** **Pumpenkammer**

Wasserstand

von der Pumpe fließt das Wasser durch den Pumpendruck zurück in den Teich

Grafik: Thorsten Hardel

Festlegung der Wasserbelastung

Die Dimensionierung eines Teich- und Filtersystems kann erst erfolgen, nachdem zwischen Auftraggeber und Auftragnehmer die Anzahl der Tiere definiert wurde, die der Koihalter in seinen Teich setzen möchte. Dies gilt natürlich auch für diejenigen, die sich selber einen Koiteich bauen möchten.

Hierzu definiert man die Menge der Fische, die gehalten werden sollen in Kilo und berücksichtigt dabei auch das Wachstum.

Weil Koi schnell wachsende Fische sind, und weil es meist nur schwer möglich ist, die Filterleistung später signifikant zu steigern, empfiehlt es sich, bei der Dimensionierung der Abbauleistung von großen Koi (70 bis 80 cm) auszugehen.

Letztlich definiert die Filtergröße mit der dazugehörigen aktiven biologischen Oberfläche, wie viele Koi in einem System gehalten werden können. Faustregel: Zum Abbau von einem Kilogramm Trockenfutter innerhalb von 24 Stunden wird neben der geeigneten Wassertemperatur und einem ausreichend großen Sauerstoffangebot eine Filteroberfläche von 100 bis 200 Quadratmetern benötigt.

Der biologische Filter sollte ein Volumen haben, das ca. zehn Prozent des Teichvolumens beträgt. In diesen Behälter kommen dann die biologischen Trägermaterialien.

Dieser Berechnung liegt zugrunde, dass sich die Wasserbelastung hauptsächlich aus der Menge an Futter ergibt, die die Fische bekommen. Koi benötigen pro Tag etwa ein Prozent ihres Körpergewichts an Futter. Wachsen und sich entwickeln können sie aber erst bei einer größeren Futtermenge von zwei bis vier Prozent pro Kilogramm Körpergewicht. Kleine Koi benötigen einen höheren Prozentsatz und mehr eiweißreiches Futter als große Tiere. In jedem Koifutter ist etwa ein Prozent Phosphor enthalten, das die Nahrungsquelle für die Faden- und Schwebealgen ist, die auch in der Mehrzahl der Koiteiche vorhanden sind. Der Phosphor wird im Filter nicht abgebaut, er kann nur durch

Foto: finsrfun, stockphoto.adobe.com

Pflanzen im Teich können beim Abbau von Phosphor hilfreich sein.

Wasserwechsel aus dem System entfernt werden. Zusätzlich geschieht dies über Pflanzen, die den Phosphor für ihr Wachstum benötigen und einlagern und durch das Entfernen der Algen, die den Phosphor aufnehmen. Algen werden üblicherweise sowohl mechanisch als auch auf chemischem Wege durch Algenmittel entfernt.

Da die Abbaurate des biologischen Filters direkt abhängig ist von der Wassertemperatur, ist bei der Dimensionierung der Filtertechnik auch zu berücksichtigen, ob der Teich später beheizt wird. Ein unbeheizter Teich benötigt bei gleichem Fischbesatz einen größeren biologischen Filter als ein beheizter Teich.

Neben dem richtigen biologischen Filtermaterial mit großer Oberfläche und großem Lückengrad sind auch die Qualität der mechanischen Reinigung, die Verhinderung von Schlammablagerungen in Teich und Biofilter und eine gute Teichhygiene der gesamten Anlage entscheidend für die Qualität der Wasseraufbereitung. Ebenso müssen die Sauerstoffzehrung durch die Fische sowie die Nitrifikation durch eine ausreichende Belüftung ausgeglichen werden.

Filtertechnik

Schwerkraftanlage

Den Koiteich mit einer Schwerkraftanlage zu betreiben ist die perfekte Lösung. Das bedeutet, dass die Filtertechnik auf der Höhe des Teichs angeordnet ist, sodass der Schwebeschmutz nicht zusätzlich durch eine Pumpe zerkleinert wird, bevor er im mechanischen Filter landet. Schmutz, der aus dem Teichsystem gefiltert werden kann, muss nicht biologisch abgebaut werden, denn er entlastet den biologischen Filter und führt zu einer besseren mikrobiologischen Wasserqualität. Wird der Schmutz erst in der Pumpe zerkleinert, verschlechtert sich die biologische Wasserqualität. Auch die Gefahr, dass dieser Schmutz die Pumpe verstopft, ist somit nicht mehr gegeben. Darüber hinaus sind auch die Stromkosten beim Schwerkraftsystem am geringsten.

Schwerkraftanlage

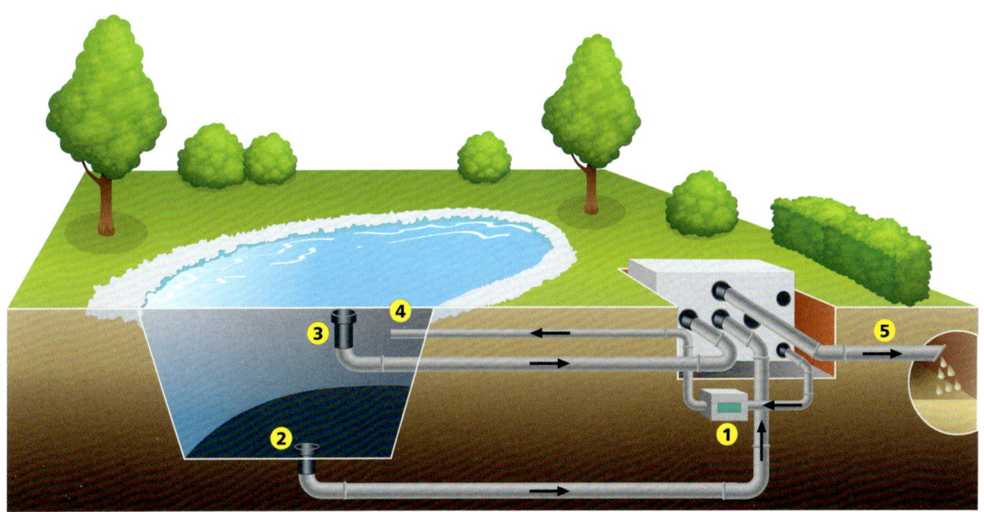

1 Teichpumpe
2 Bodenablauf
3 Skimmer
4 Rücklauf in den Teich (gereinigtes Wasser)
5 Schmutzablauf (Kanal, Sickerschacht, Hecke)

Grafik: Thorsten Hardel, Quelle: Inazuma Katalog 2013

Gepumpte Anlage

1 Teichpumpe
2 Verbindung Teichfilter mit Pumpe
3 Rücklauf in den Teich (gereinigtes Wasser)
4 T-Stück nach oben offen, zur Entlüftung der Rücklaufleitung
5 Schmutzablauf (Kanal, Sickerschacht, Hecke)

Grafik: Thorsten Hardel, Quelle: Inazuma Katalog 2013

Gepumpte Anlage

Die gepumpte Variante sollte nur als Notlösung zur Anwendung kommen. Hier wird das schmutzige Wasser durch die Pumpe gefördert, was zur Folge hat, dass der Schmutz unnötig zerkleinert wird. Dies führt zu einer größeren mikrobiologischen Wasserbelastung als bei einer Schwerkraftanlage. Ein weiterer Nachteil ist die geringere Betriebssicherheit dieser Lösung, da der angesaugte Schmutz (Blätter, Äste, Algen etc.) die Pumpe verstopfen wird.

Nach meiner Erfahrung bleibt eine solche Störung meist mehrere Stunden unentdeckt. Im Hochsommer kann dies zum Absterben des biologischen Filters führen, was dann große Probleme für die Fischhaltung zur Folge hat. Auch benötigt diese Anlagenform mehr Energie als eine Schwerkraftanlage. Aus diesen Gründen kann ich die gepumpte Variante für einen Koiteich nicht empfehlen.

Hinweise zur Sicherheit gepumpter Teichsysteme

Beim Betrieb von gepumpten Teichsystemen darf die Pumpe nie an der tiefsten Stelle im Teich angebracht werden. Sollte sich nämlich außerhalb des Teichs ein Schlauch lösen, so würde dies zur kompletten Entleerung der Teichanlage führen, in der Regel noch bevor die Havarie entdeckt wird. Weiterhin sollte immer mit mindestens zwei Pumpen gearbeitet werden, da sich die Pumpen schnell zusetzen können und ihre Funktion einstellen. Aufgrund der geringeren Betriebssicherheit von gepumpten Systemen sollte hier in jedem Fall ein Überwachungssystem installiert werden, welches den Wasserdurchfluss der Pumpe und der Belüfter sowie den Wasserstand überwacht und bei Defekten alarmiert.

Gepumpte Teichsysteme haben immer einen hohen Reinigungsaufwand im Teich, weil der Schmutz nicht so effektiv aus dem Teich entfernt wird wie bei Schwerkraftsystemen. Erfolgt diese Reinigung nicht, so verschlechtert sich die Wasserqualität stark. Dies ist besonders im Frühjahr und Herbst regelmäßig der Fall, wenn starker Pollenflug und starker Laubfall den Teich schnell mit großen Mengen an Schmutz füllen. Hinzu kommt dann noch, dass dadurch die Pumpen zur Verstopfung neigen.

Foto: Peter Schnellbächer

Nur mit guter Filteranlage bleiben die Tiere im Koiteich gesund.

Elektroinstallation

Grundlage für die Verlegung von Stromleitungen im Erdreich ist die DIN VDE 0100-520. Die nachfolgenden Hinweise erheben keinen Anspruch auf Vollständigkeit, für Elektroinstallationen im Garten und auf der Terrasse gelten besondere Anforderungen. Elektrische Geräte, Bauteile und Kabel, die der Witterung ausgesetzt sind, müssen besonders geschützt werden. Deshalb dürfen Sie nur Bauteile verwenden, die die geeignete Schutzklasse haben.

Das Erdkabel sollte mindestens 60 Zentimeter unter der Erdoberfläche liegen, unter Fahrbahnen 80 Zentimeter. Außerdem sollte der Graben ein wenig tiefer ausgehoben werden, damit noch ein Sandbett Platz hat, auf dem das Erdkabel verlegt wird. Danach wird nochmals eine Sandschicht von zehn Zentimetern auf das Kabel geschüttet und mit speziellen Kabelhauben abgedeckt. Zuletzt wird noch ein PVC-Warnband (Achtung Erdkabel) oder ein normales rot-schwarzes PVC-Band auf die Sandschicht gelegt und der Graben wieder mit Erdreich gefüllt.

Grundsätzlich werden im Außenbereich nur Erdkabel (Bezeichnung NYY)verlegt, am besten ein 5-adriges Kabel. Das hat den Vorteil, dass zusätzlich zur Steckdose auch noch eine Lampe oder ein anderes elektrisches Gerät angeschlossen werden kann. Es gibt Erdkabel mit

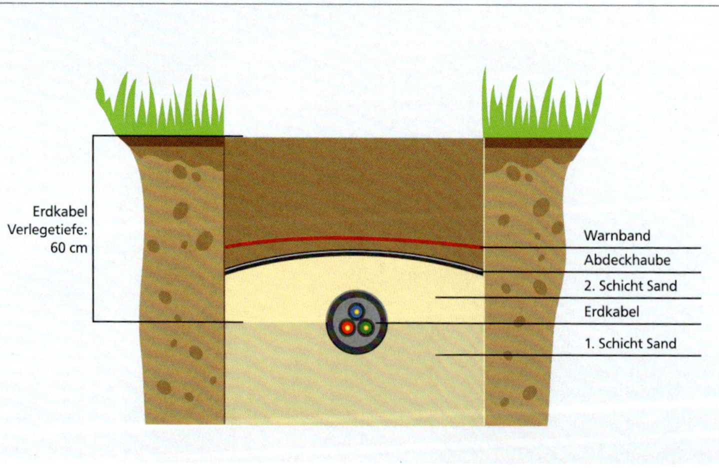

Foto: Genesis

Bevor die Bodenplatte gegossen wird, werden Rohre und Kabel verlegt.

unterschiedlich vielen Adern und in verschiedenen Querschnitten und Längen. Wie lang das Kabel sein muss, ergibt sich aus dem Verlegeplan. Welche Stärke (Leitungsquerschnitt) das Erdkabel benötigt, ergibt sich aus der Länge und der Anzahl der Anschlüsse, die das Kabel mit Strom versorgen soll, sowie den Geräten und deren Leistung. Ideal ist es, die Erdkabel in Leerrohren zu verlegen, so ist es später möglich, ein weiteres Kabel zu ergänzen.

Außerdem müssen Elektroinstallationen im Freien in einem eigenen Stromkreis untergebracht sein, d.h. die Zuleitung für den Außenbereich muss in der Unterverteilung separat geschaltet werden. Ebenso muss der Stromkreis für den Außenbereich mit einem Fehlerstromschutzschalter (FI) gesichert sein, der im Notfall (Kabel durchgetrennt, Erdschluss einer Pumpe etc.) sofort die Stromzufuhr kappt. Grundsätzlich empfiehlt es sich, für alle Verbraucher im Außenbereich einen eigenen FI-Schalter zu installieren. Bei Verwendung von Lichtinstallationen am und im Teich, insbesondere von Unterwasserbeleuchtung, ist die VDE 0100-7002 zu berücksichtigen.

Teichform und Teichtiefe

aus:
Schmidt-Puckhaber, B. (Hrsg.), Fisch vom Hof. Fischerzeugung in standortunabhängigen Kreislaufanlagen.

„Die wichtigste Forderung bei der Gestaltung der Fischhaltungsbecken besteht darin, durch entsprechende Strömungsgeschwindigkeiten sowie die zusätzlichen Turbulenzen, die durch die Fische erzeugt werden, den Austrag des Kotes und der Futterreste mit dem abfließenden Wasser zu gewährleisten, d.h. eine Selbstreinigung des Beckens zu sichern."

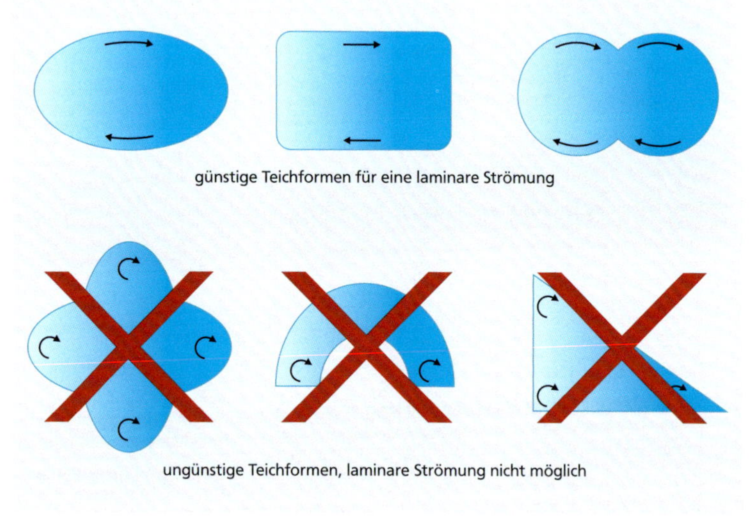

Grafik: Thorsten Hardel

aus:
Schmidt-Puckhaber, B. (Hrsg.), Fisch vom Hof. Fischerzeugung in standortunabhängigen Kreislaufanla.

„Die Teichform sollte sich eher an geradlinigen und einfachen Strukturen orientieren, um eine laminare Wasserströmung zu ermöglichen. Komplizierte Formen erzeugen tote Ecken, an denen sich dann der Schmutz auf dem Boden sammelt, statt über den Wasserstrom in den Filter transportiert zu werden.

Rundbecken und quadratische Becken mit abgerundeten Ecken ermöglichen die Ausbildung einer rotierenden Kreisströmung mit günstigen Sedimentationsbedingungen für den Kot und die Futterreste in der Beckenmitte."

günstige Teichprofile
ungünstige Teichprofile
Grafik: Thorsten Hardel

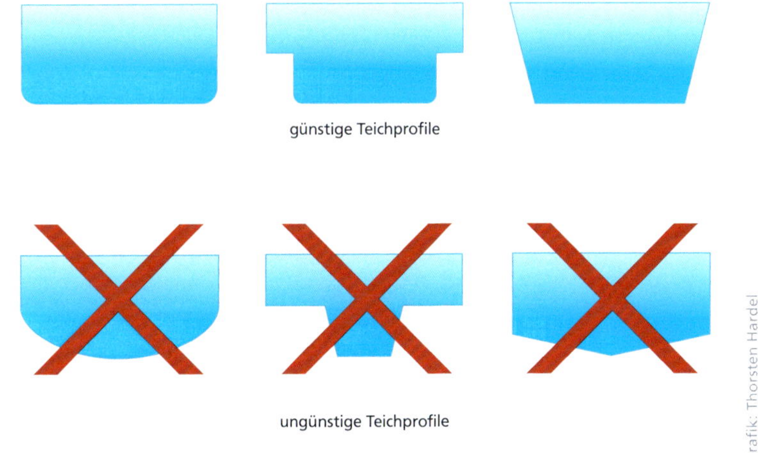

„The rotational velocity in the culture tank should be as uniform as possible from the tank wall to the center and from the surface to the bottom, and it should be swift enough to make the tank self-cleaning. However, it should not be faster than that required to exercise the fish. Water velocities that are 0,5-2,0 fish body lengths per second are optimal for maintaining fish health, muscle tone, and respiration. Circular tanks operate by injecting water flow tangentially to the tank wall at the tank outer radius so that the water spins around the tank center, creating a primary rotating flow."

aus: Timmons/Ebeling (2013), Recirculation Aquaculture, Ithaka Publishing.

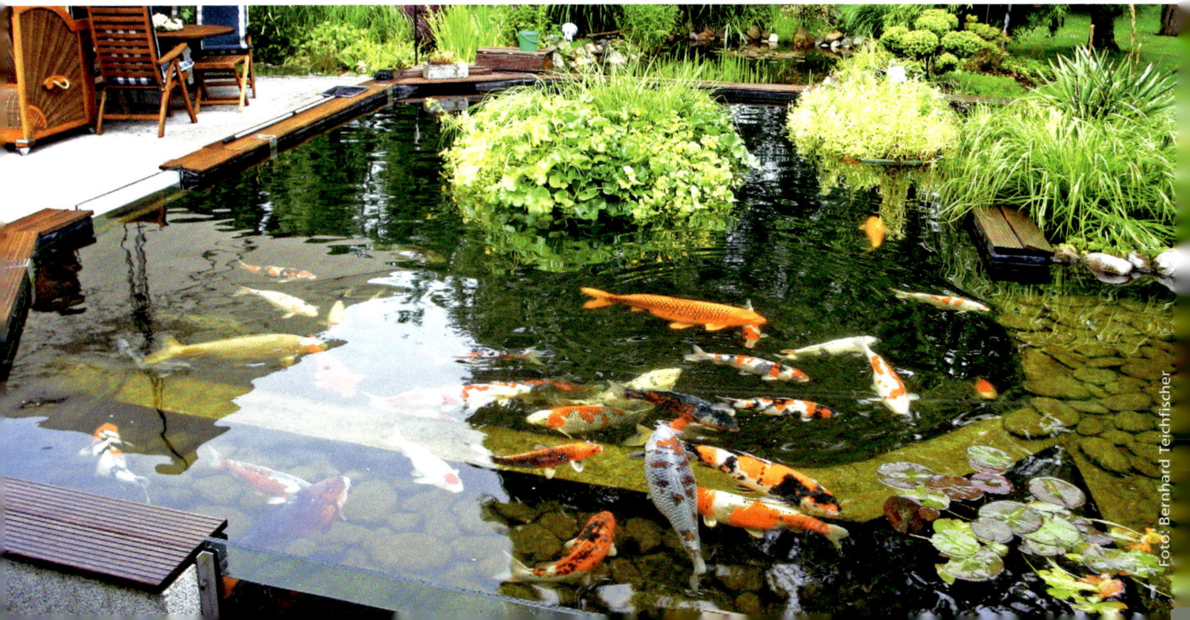

Foto: Bernhard Teichfischer

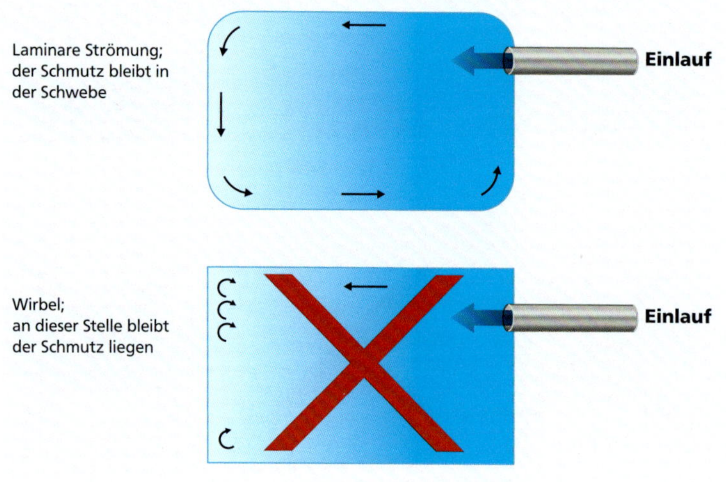

Grafik: Thorsten Hardel

Die Aufgabe der Zulaufleitungen besteht darin, eine gute Durchmischung des gefilterten Wassers mit dem Teichwasser zu ermöglichen und den Wasserkörper in Rotation zu versetzen. Dabei muss die Anordnung der Zulaufleitungen der Teichform entsprechend angepasst werden. Die Anordnung in der Senkrechten sollte auf halber Teichtiefe und in jedem Fall frostsicher erfolgen.

Bedingt durch die Wasserzirkulation wandert der Schmutz in die Teichmitte. Aus diesem Grund werden die Bodenabläufe in der Teichmitte, im Zentrum der Strömung, angeordnet. Im Gegensatz dazu wird der Skimmer (Oberflächenablauf) am Rand des Teichs positioniert, damit man ihn jederzeit ohne Hilfsmittel reinigen und während der Fütterung außer Betrieb setzen kann. Und zwar an der Seite, an der sich bedingt durch die Hauptwindrichtung der Oberflächenschmutz sammelt.

Die Teichtiefe orientiert sich am Standort des Teichs und an der Frage, ob der Teich mittels einer Teichheizung temperiert werden kann. Er sollte eine Mindesttiefe von 1,8 bis 2 Metern haben und eine Flachzone von einem Meter Tiefe, deren Fläche nicht mehr als 20 Prozent der Teichfläche beträgt. Der Teich sollte auch nicht tiefer als zwei Meter werden. Dies hat neben baurechtlichen Fragen auch mit ganz praktischen Dingen wie der Möglichkeit, die Fische jederzeit fangen zu können, zu tun. Flache Zonen von weniger als einem Meter sind zu vermeiden. Die Teichwände sollten senkrecht sein, um – bezogen auf die Oberfläche – ein möglichst großes Teichvolumen zu realisieren.

Umwälzrate

Heute ist üblich, einen Koiteich und die Verrohrung so zu dimensionieren, dass das gesamte Teichvolumen einmal in der Stunde durch den Filter fließt, dann werden die Schwebealgen durch die UV-Lampen (bei ausreichender UV-Leistung) abgetötet, sodass der Teich klar bleibt.

Die Umwälzrate hat aber auch einen direkten Einfluss auf die Leistung eines biologischen Filters: Je höher die Umwälzrate ist, desto besser ist auch die Abbauleistung des biologischen Filters. Im Zweifel ist immer die höhere Umwälzrate einer niedrigeren vorzuziehen.

Bei einem Fischbesatz, der geringer ist als ein Koi pro drei Kubikmeter Wasser, kann die Umwälzrate auf einmal in zwei Stunden reduziert werden. Dies ist allerdings ein Kompromiss, der Einschränkungen an anderer Stelle zur Folge hat (z.B. erhöhter Reinigungsaufwand) und in jedem Fall zwischen Auftraggeber und Auftragnehmer diskutiert und abgewogen werden sollte. Die Umwälzrate im Nachhinein zu erhöhen ist meist nicht so einfach möglich.

Die Umwälzrate ist auch vom Fischbesatz abhängig.

Foto: mirkograul, stockphoto.adobe.com

Wasserströmung

Die Strömung sorgt für eine gute Durchmischung des Teichwassers und somit für die optimale Verteilung des Sauerstoffs und der anderen im Wasser gelösten Stoffe. Zusätzlich dient sie dazu, den Schwebeschmutz zum Filter zu führen, damit er abfiltriert werden kann.

aus: Schmidt-Puckhaber, B. (Hrsg.), Fisch vom Hof. Fischerzeugung in standortunabhängigen Kreislaufanlagen.

„Außerdem begünstigt eine leichte Strömung die Gesundheit der Koi. Zwar sind Koi keine rheophilen (strömendes Wasser bevorzugende) Fische, aber die erzwungene leichte Bewegung verbessert die Muskulatur und beugt einer Verfettung vor."

aus: Steffens, W. (1986), Binnenfischerei-Produktionsverfahren. VEB Dt. Landwirtschaftsverlag.

„Strömungsgeschwindigkeiten von 1-3 cm/s haben sich hier als günstig erwiesen. Dies kann realisiert werden, indem an den Zulaufstellen des Teichs das Wasser mit einer Geschwindigkeit von 1-2 m/s aus den Rohrleitungen strömt. Durch diesen Zulauf entsteht ein Vermischungseffekt, der für alle Wasserparameter zum sofortigen Ausgleich der Zulaufkonzentration mit der Beckenkonzentration führt."

Die Strömung sollte die o.g. Werte jedoch nicht überschreiten, da mit zunehmender Strömungsgeschwindigkeit der Energieverbrauch der Fische steigt. Bei einjährigen Karpfen führt eine Schwimmgeschwindigkeit von 10 cm/s bereits zu erhöhtem Stoffwechsel und Massenverlust. Bei einer Strömung von 40 cm/s kann sich der Karpfen gerade noch im Strömungskanal halten, ein Wachstum ist unter derartigen Umständen nicht mehr möglich.

Der Teich sollte ebenfalls über eine Zone verfügen, die keine Strömung hat, damit der Koi wählen kann, ob er die Strömung oder den ruhigen Bereich bevorzugt.

Aufbau der Teichschale

Variante 1

Diese empfehlenswerte Variante ist „gute fachliche Praxis", eine Baugrube auszuheben, die Rohre zu verlegen und dann eine statisch ausreichend dicke Betonbodenplatte zu gießen. Auf dieser werden dann mit Betonkellersteinen die Wände errichtet. Möchte man isolieren, was Vor- und Nachteile hat, dann sollte der Boden vor dem Gießen der Betonplatte mit Styrodur isoliert werden. Wenn die Wände fertig sind, werden sie mit Styrodur hinterfüttert. Diese Bauweise bietet auch die meisten Möglichkeiten einer optisch ansprechenden Randgestaltung. Wird ein Teich isoliert, geht während der Heizperiode weniger Energie ans Erdreich verloren. Allerdings fällt dann auch das Erdreich als Temperaturpuffer aus. Wenn isoliert werden soll, empfehle ich, nur die Teichwände bis einen Meter unter das Erdreich und wenn möglich noch einen Meter waagerecht rund um den Teich zu isolieren. So bleibt der tiefe Boden als Puffer erhalten, aber der Bereich, der im Winter besonders auskühlt, kommt nicht mit der Teichwand in Berührung.

Variante 2

Ob auf die obere Bodenplatte und die gemauerten Wände verzichtet werden kann, hängt vor allem von der Bodenbeschaffenheit ab. Ist der Boden „gewachsen", kann es durchaus reichen, einen Ringanker zu erstellen, die Baugrube auszuheben, Wände und Boden mit Estrichmatten auszukleiden, das Ganze zu verputzen, das Becken mit einem Schutzvlies (500 bis 1000 Gramm/m²) auszukleiden und dann eine Folie aufzubringen.

Schematischer Aufbau der Teichschale mit Folie

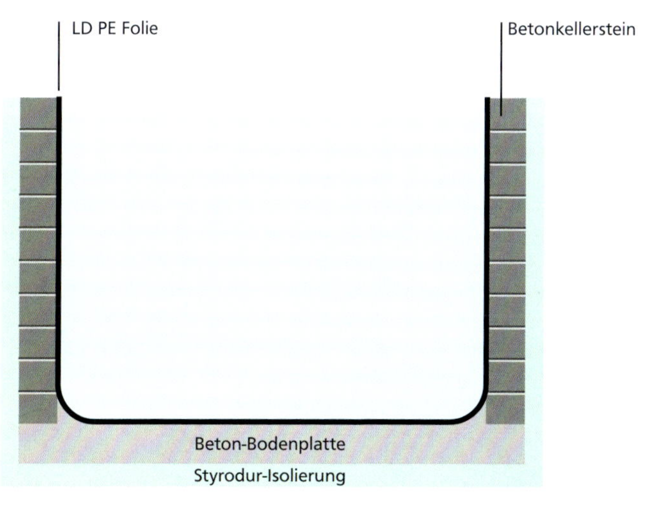

Grafik: Thorsten Hardel

Variante 3

Noch günstiger ist es, auf die Estrichmatten und den Verputz zu verzichten. Ringanker, Vlies- und Folienauskleidung bleiben, wie oben beschrieben. Bei dieser Variante muss sehr darauf geachtet werden, dass keine Steine aus der Erde schauen, die dann – sobald Wasser in den Teich gefüllt wird – die Folie von hinten beschädigen könnten.

Variante zwei und drei sind nach Absprache mit dem Auftraggeber bezüglich der Nachteile als Alternativen durchaus möglich.

Abdichtung des Koiteichs

Heute gibt es eine Fülle von Materialien zur Abdichtung. Bewährt hat sich, eine ein bis zwei Millimeter starke Folie aus PVC oder eine zwei bis drei Millimeter starke PE-Low-Density oder PE-High-Density-Folie zu verwenden. Damit wird der Teich faltenfrei ausgekleidet. Die Abdichtung wird üblicherweise zehn Zentimeter über das Wasserniveau geführt, damit auch bei Starkregen der Teich nicht überläuft. Dort wird die Folie so stabil befestigt, dass sie weder mit der Zeit verrutscht, noch ihre Höhe ändert.

Wird die Folie direkt auf das Erdreich verlegt, d.h. werden keine Bodenplatte und gemauerten Wände erstellt, so muss darunter ein Schutzvlies verlegt werden. Dies sorgt für eine glattere Oberfläche im Teich und schützt die Folie vor spitzen Steinen im Erdreich.

Foto: Oase

Ist die Folie nicht UV-beständig, muss sie vor direkter Sonneneinstrahlung geschützt werden, damit sie ihre Weichmacher nicht verliert und dadurch brüchig wird.

Die Folie aus einem Stück zu verwenden verbietet sich beim Koiteichbau, weil es nicht möglich ist, sie faltenfrei zu verlegen. In den Folienfalten würde sich der Schmutz sammeln, der dann im Teich verbliebe und das Wasser mehr als nötig mit Schadstoffen belasten würde. Auch die Keimrate würde sich durch diese Falten erhöhen, sodass sich mehr als nötig Aeromonaden und Pseudomonaden bilden würden, was das Immunsystem der Koi schwächt und zu einem verstärkten Auftreten von Krankheiten führt.

Von der Erdseite her muss zusätzlich sichergestellt werden, dass bei einem Starkregen nichts von außen in den Teich geschwemmt werden kann. Liegt der Teich an einem Hang, muss eine ausreichend leistungsfähige Drainage verlegt werden, die das anfallende Wasser dann so abführt, damit nichts in den Teich gelangt. Die mitgeschwemmten Schmutzpartikel (Dünger und was sonst so alles in einem Garten verwendet wird) dürfen unter keinen Umständen in den Teich gelangen, da sie eine Gefahr für die Fische darstellen.

Wenn der Untergrund entsprechend vorbereitet ist, dann ist auch die Verwendung von GFK (glasfaserverstärkter Kunststoff) möglich. Allerdings nur, wenn er auch nach dem Stand der Technik verarbeitet wird. Dies bedeutet: Einhausung der Baustelle, ausreichende Trocknung des Untergrunds, Abdichtung der zu laminierenden Fläche gegen das Erdreich, Temperierung der Raumluft auf 18 °C während der gesamten Bauzeit, um Betauung zu unterbinden, sowie eine Restfeuchte des Untergrunds unter drei Prozent. Es muss unter allen Umständen sichergestellt werden, dass die Feuchte der Luft nicht kondensiert und in das Glasfasergewebe einzieht. Dies würde die GFK-Abdichtung unbrauchbar machen. Trotz dieser aufwendigen Verarbeitung besteht bei GFK-Abdichtungen die Gefahr der Osmose und es ist nur eine Frage der Zeit, wann sie auftritt.

Koi suchen alle ihnen zugänglichen Teichoberflächen mit dem Maul nach Nahrung ab. Deshalb ist bei Auskleidungen darauf zu achten, dass keine scharfkantigen Stellen und Grate an den Oberflächen und Nähten entstehen. Diese führen unweigerlich zu Verletzungen der Koi. Rechte Winkel (zwischen Wand und Boden) sind um 45 Grad abzuschrägen.

PVC-Folie eignet sind sehr gut zum Auskleiden eines Koiteichs.

Bauteile eines Koiteichs

Neben den Umwälzpumpen gehören zu den wesentlichen Bauteilen des Koiteichs Boden- und Oberflächenabläufe, ein Überlauf zum Kanal, eine UV-C-Anlage, eine Sauerstoffanreicherung und eine automatische Frischwassereinspeisung mit Niveauregulierung oder Zeituhrfunktion. Ein Teich für hochwertige Japankoi benötigt zusätzlich eine Heizung, die eine Mindesttemperatur im Sommer und im Winter sicherstellt und Temperaturschwankungen ausgleicht (nicht mehr als zwei Grad in 24 Stunden).

Foto: H. Göttsche

Alle technischen Bauteile eines Koiteichs sollten gut erreichbar sein. Hier liegen sie unter der Abdeckung der Terrasse.

Foto: Heinz Walddukat, stockphoto.adobe.com

Oberflächenabsauger (Skimmer), hier in einem Schwimmteich.

Boden- und Oberflächen-ablauf (Skimmer)

Ebenfalls benötigen Sie eine entsprechende Anzahl an Bodenabläufen und Skimmern. Die Platzierung und Dimensionierung von Bodenabläufen und Skimmern gehört zu den wichtigen Aspekten der Planung eines Koiteichs, weil sie verantwortlich sind für den Transport der Schmutzpartikel vom Teich zum Filter. Nur der Schmutz, der im Filter ankommt, kann dort herausgefiltert werden.

Anordnung von Bodenabläufen und Skimmern

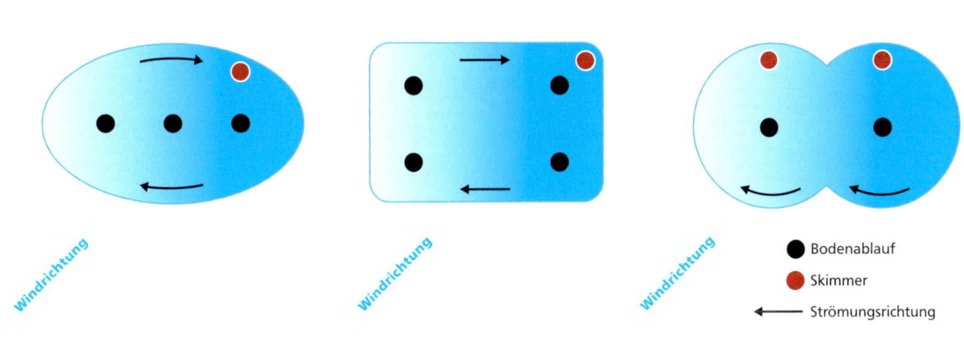

Grafik: Thorsten Hardel

Hinweise zum sicheren Betrieb von Bodenablauf und Skimmer

Aller Schmutz muss durch Bodenablauf und Skimmer dem Filtersystem zugeführt werden. Damit es in den Rohren nicht zu einer Verstopfung kommen kann, muss der Spalt des Bodenablaufs die kleinste Öffnung sein. So ist sichergestellt, dass alles, was durch diesen Spalt geht, auch durch die Rohrleitung kommt. Zwei Fingerbreit haben sich als guter Spalt erwiesen.

Beim Skimmer gilt das gleiche Prinzip, die Öffnung muss immer mindestens so groß wie das nachfolgende Rohr oder kleiner sein, um eine Verstopfung des Rohrs zu vermeiden.

Zusätzlich muss ein ausreichend großer Durchsatz in der Rohrleitung vorhanden sein, damit sich kein Schmutz darin absetzt und diese mit der Zeit zuwächst. Um dies sicherzustellen ist es hilfreich, die Rohre regelmäßig zu spülen. Während der Fütterung muss der Skimmer außer Funktion gesetzt werden, damit er das Fischfutter nicht von der Teichoberfläche absaugt. Bei der Installation des Skimmers ist auf die Hauptwindrichtung am Ort des Teichs zu achten. Ist der Skimmer auf der falschen Seite montiert, so ist er nutzlos.

Der Bodenablauf wird über den Flansch mit der Folie verbunden. Er verfügt über einen 110er-Rohranschluss, der dann entsprechend der Dimensionierung entweder in DN 110 oder in einer größeren Nennweite zum Filter geführt wird. Ein zweiter Anschluss ist für den Schlauch des Belüfters vorhanden, damit der Teich über die Membrane auch ausreichend mit Sauerstoff versorgt wird. Diese Art Bodenablauf hat den Vorteil, dass durch die vertikale Strömung noch mehr Schwebeschmutz abgeführt wird. Ideal ist, wenn man dann die Luftleitung auch unter der Teichsohle verlegt, dann sind keine störenden Leitungen auf der Teichfolie und man hat einen schönen glatten Boden. Wichtig ist, dass durch die Belüftung keine Gasübersättigung im Teich entsteht.

Auf diesem Bild ist ein handelsüblicher Skimmer für Koiteiche zu sehen. Diese Skimmer haben einen Innendurchmesser, der etwas größer ist als DN 160. Damit passt er über ein normales 160-KG-Rohr. Ob der Skimmer dann auf 110 reduziert wird oder die Skimmerleitung bis hin zum Filter in DN 160 ausgeführt wird, hängt von den Anforderungen an die Wassermenge ab, die zum Filter gelangen muss. Keinesfalls darf die Skimmerleitung auf einen kleineren Durchmesser reduziert werden, denn dann setzt sich diese Leitung mit an Sicherheit grenzender Wahrscheinlichkeit irgendwann zu. Auch gepumpte Skimmer sind für Koiteiche ungeeignet. Hier sorgt der angesaugte Schmutz zielsicher für eine Verstopfung der Pumpe.

Rohre

Eine der wichtigsten Komponenten des Koiteichs ist die Verrohrung. Das Wasser muss immer vom Teich zur Filtertechnik und wieder zurück durch Rohre fließen. Diese sollten dicht sein und es auch bleiben. Gehen wir beim Koiteich von einer Lebensdauer von mindestens 20 Jahren aus, sollten dies auch die Rohre schaffen.

Diese Grundregeln müssen beachtet werden:

- Kein wasserführender Rohrquerschnitt unter 100 Millimeter
- Wo immer es möglich ist, Bögen statt Winkel einsetzen
- Möglichst wenige Verbindungselemente, jedes ist eine potenzielle Quelle für Undichtigkeit
- Wenn sie dem Sonnenlicht ausgesetzt sind, immer UV-beständiges Rohrmaterial verwenden
- In einem Filterhaus ohne Sonnenlicht kann KG-Rohr verwendet werden, wenn es verklebt und zusätzlich verschraubt wird
- Rohre müssen frostfrei und ohne Sack nach oben verlegt werden.
- Jede Ab- und Zulaufleitung sollte vom Teich zum Filter komplett einzeln sein, d.h. keine Sammelleitungen

Bei Verlegung in der Erde:

- PVC-Druckrohr verklebt
- PE-Rohr verschweißt
- KG-Rohr, wenn es zusätzlich verklebt wird (hat sich in der Praxis bewährt)

Rohrquerschnitte und Reibung

Wenn Wasser durch ein Rohr fließt, unterliegt es einer Reibung. Die Stärke dieser Rohrreibung ist abhängig vom Rohrdurchmesser und der Wassermenge, die durch das Rohr fließen soll. Nach einer Faustformel fließen durch ein 110er-Rohr (Durchmesser 110 Millimeter) pro Stunde in Schwerkraft ca. zehn Kubikmeter. Bei kurzen Rohrleitungslängen kann diese Faustformel als Orientierung für die Anzahl der Rohrleitungen genommen werden. Andere Systeme müssen mit einer entsprechenden Software berechnet werden.

Eine Mindest-Strömungsgeschwindigkeit, wie sie im Kanalbau üblich ist, findet keine Anwendung. Der Fokus beim Koiteichbau liegt auf einer möglichst geringen Reibung, um mit günstigen Strömungspumpen anstatt Druckpumpen arbeiten zu können.

Filter

Unter Kompaktfiltern verstehe ich alle Filter, die mechanische und biologische Filtration in einem Gehäuse übernehmen, z.B. Vliesfilter, einige Endlosband- und Trommelfilter, aber auch Beadfilter.

Der Filter muss immer zugänglich sein, damit man sich von der Sauberkeit im Inneren des biologischen Filterteils überzeugen kann. Sollte bei Vliesfiltern die Papierrolle einmal unkontrolliert zu Ende gegangen sein, darf trotzdem kein Schmutz das biologische Trägermaterial verunreinigen und unbrauchbar machen. Es muss also möglich sein, es wieder reinigen zu können.

Sollte der biologische Teil aus einem Moving-Bead-Filter bestehen,- muss die Bewegung des Materials jederzeit funktionieren. Sobald das Filtermaterial in einer Ecke klebt, ist die Funktion nicht mehr gegeben. Der Filter darf nicht als Absetzkammer fungieren. Das schmutzige Wasser muss direkt dem Vlies oder Endlosband zugeführt werden, damit sichergestellt ist, dass der Schmutz darin bleibt und nicht auf dem Boden der Kammer darunter.

Kompaktfilter benötigen mehr Reinigungsaufwand und Wasser als großzügig dimensionierte Filterbecken. Meist verfügen sie auch nicht über Reservevolumen, falls der Fischbesatz wächst. Ebenso ist es unmöglich, den Volumenstrom später einmal zu erhöhen.

Beadfilter

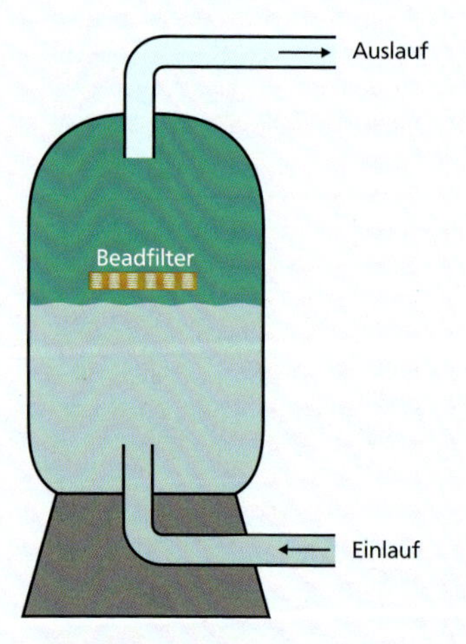

Grafik: Thorsten Hardel

Kompakttrommelfilter

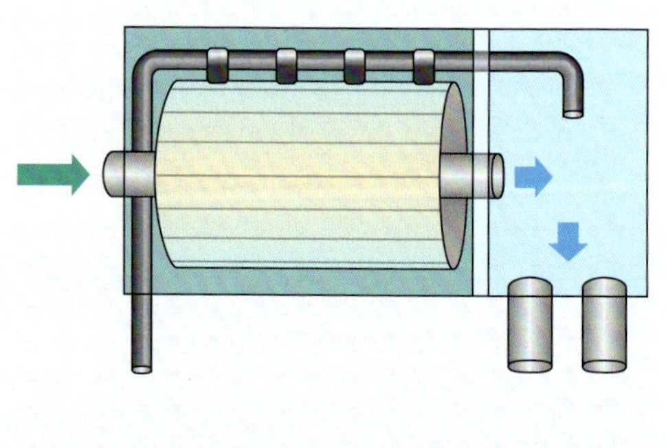

Grafik: Thorsten Hardel

Pumpen

Da die Pumpen täglich laufen, ist die Filterart und die Verrohrung von großer Bedeutung. Die richtige Wahl hat erheblichen Einfluss auf die Stromkosten. Für den Koiteich werden aus wirtschaftlichen Gründen vorzugsweise Propellerpumpen bzw. sogenannte Rezirkulationspumpen eingesetzt. Diese Pumpen sind nur auf Volumenstrom ausgelegt und benötigen deshalb weniger Energie als z.B. Kreiselpumpen.

Die Pumpen sollten, wenn möglich, im letzten Abschnitt der Filterung installiert werden, sodass der grobe Schmutz bereits vorher herausgefiltert wurde. Beim Einbau unterscheidet man zwischen nass und trocken aufgestellten Pumpen. Erstere werden im Wasser eingesetzt, d.h. die Pumpen sind in einer Pumpenkammer komplett mit Motor unter Wasser installiert. Das hat den Vorteil, dass es zu keinem Wasserverlust des Systems führt, sollte die Pumpe undicht werden. Trocken aufgestellte Pumpen werden in der Regel in einem Rohr installiert. Ihr Gehäuse verfügt über einen Einlauf und einen Auslauf, der Motor ist außerhalb. Ein Schaden am Gehäuse führt zu Wasserverlust im System. In jedem Fall sollten zur Montage der Pumpen Gummimuffen benutzt werden, die ein schnelles und leichtes Austauschen einer Pumpe möglich machen. Im Handel bekommt man diese Muffen mit Edelstahlschellen in jeder erforderlichen Größe.

Rohrpumpe

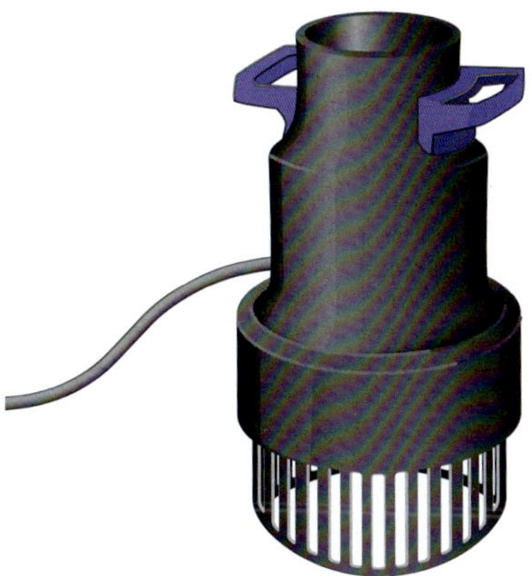

Grafik: Thorsten Hardel

Gummimuffe

Grafik: Thorsten Hardel

Hinweise zum sicheren Betrieb von Pumpen

Alle Pumpen sind für eine bestimmte Schmutzkörnung ausgelegt. Es muss sichergestellt werden, dass dies beim Einbau der Pumpe berücksichtigt wird und die Pumpe keinen gröberen Schmutz ansaugen kann. Gröberer Schmutz blockiert die Pumpe und unterbindet die Wasserumwälzung mit weitreichenden Folgen für das Teichsystem.

Viele Teichpumpen, außer Magnetkreiselpumpen, haben eine Gleitringdichtung oder Ähnliches zur Abdichtung der Antriebswelle zum Motor hin. Diese Dichtung unterliegt dem Verschleiß. Wenn infolgedessen Wasser in den Motor eindringt, führt das zu einem Kurzschluss und Ausfall der Pumpe.

Werden nass aufgestellte Pumpen direkt in der Moving-Bead-Kammer installiert, so kann es passieren, dass die Pumpe samt Filtermaterial zuwächst. Deshalb ist regelmäßig zu prüfen, ob die Pumpe noch frei ansaugen kann. Ein automatisches, zwei Minuten langes Ausschalten einmal in 24 Stunden kann helfen – das zurücklaufende Wasser reinigt dann den Filterkorb.

Die meisten Teichpumpen sind Nassläuferpumpen. Hier bewegt sich der Läufer der Pumpe im Teichwasser. Dies führt mit der Zeit zum Verkalken der Pumpe. Wird der Kalk nicht entfernt, blockiert die Pumpe irgendwann.

Die Pumpenleistung eines Teichs sollte so gewählt sein, dass die gesamte Wassermenge des Teichs mindestens einmal in der Stunde umgewälzt werden kann. Für einen Koiteich bedeutet dies, eine ausreichende Anzahl an Boden- und Oberflächenabläufen (Skimmern) sowie eine ausreichende Anzahl an Rücklaufleitungen einzuplanen, damit die Wassermenge auch wirtschaftlich gefördert werden kann.

Durch die richtige Rohrdimensionierung ergeben sich geringe Verlusthöhen der Leitungen. Es ist ‚gute fachliche Praxis', die Rohrquerschnitte zu berechnen. Wo immer möglich, sollten auch Bögen statt Winkel verbaut werden, die Anschaffungskosten sind gleich, aber ein Rohrbogen hat nur ein Drittel des Wiederstandes, den ein Winkel hat! Einbauteile in die Rohrleitungen sind zu vermeiden, weshalb Tauch-UV-C-Lampen solchen mit einem Gehäuse vorzuziehen sind. Sie sollten so eingebaut werden, dass eine Verletzung der Augen nicht möglich ist.

Jedes Rohr, sowohl Bodenablauf als auch Skimmer, muss einzeln zum mechanischen Filter führen und ein eigenes Absperrorgan am Eingang zum Filterkeller besitzen, mit dem das Rohr dicht zu verschließen ist. Weiterhin muss die Rohröffnung am Bodenablauf und Skimmer der kleinste Querschnitt sein. Eine Verjüngung der Rohre nach der Ansaugöffnung ist aufgrund der Verstopfungsgefahr zu vermeiden.

Auf der Auslaufseite des Filterkellers müssen auch die Druckleitungen hinter den Pumpen ein entsprechendes Absperrorgan haben, damit ein notwendiger Pumpenwechsel ohne ein Ablassen des Teichs möglich ist. Dazu eignen sich Schieber mit wechselbaren Dichtungen. Im laufenden Betrieb werden diese Schieber nie geschlossen, d.h. sie müssen nicht dicht sein und dürfen immer ein wenig tropfen. Ist es aus irgendwelchen Gründen erforderlich, die Leitungen hundertprozentig dicht zu verschließen, so müssen Kugelhähne verwendet werden.

Mammutpumpen zur Förderung des Teichwassers

Sie werden auch Lufttheber genannt und sind nach meiner Erfahrung am Koiteich abzulehnen. Der Lufttheber ist ein Pumpenersatz, bei dem mithilfe von aufsteigender Luft das Wasser gefördert wird. Bei diesem Verfahren hat der Luftstrom auch einen Einfluss auf den Sauerstoffgehalt, den CO_2-Gehalt und den Gesamtgasdruck im Wasser. Sollte also meine Mammutpumpe zu viel CO_2 austreiben, dann haben die Fische Probleme und ich kann nicht helfen. Sollte sie ausfallen, dann habe ich gleichzeitig auch keine Belüftung mehr.

Ich habe in meiner Praxis als Sachverständiger schon einige Fälle gehabt, wo die Mammutpumpe so viel CO_2 ausgetragen hat, dass die Fische massive Probleme in Form von Kiemenreizungen bekamen. Hier wurde die Mammutpumpe dann doch wieder zurückgebaut auf konventionelle Pumpentechnik.

Mammutpumpe

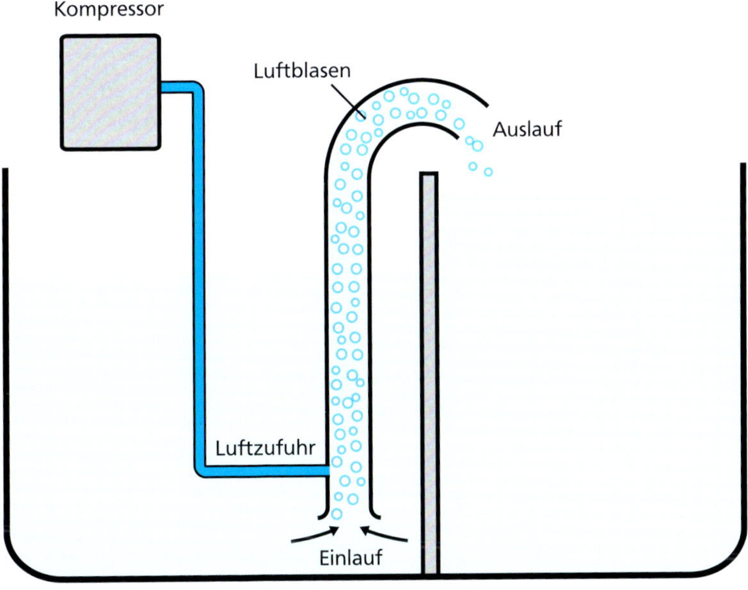

Grafik: Thorsten Hardel

Absperrorgane

Leider wird oft vergessen, Absperrorgane einzubauen. Auf derEinlauf- und Auslaufseite des Filterkellers dienen sie gleichzeitig der Regulation der Umwälzrate und der Justierung von Zu- und Ablauf, da es unmöglich ist, diesen ohne Schieber ins Gleichgewicht zu bringen. Wechselnde Widerstände im Siebfilter und in den biologischen Kammern machen dies erforderlich.

Die Rohrleitungen, die das Wasser aus dem Filter zurück in den Teich führen, müssen ca. 70 Zentimeter unterhalb der Wasserlinie in den Teich münden. Befindet sich der Zufluss des Wassers über der Wasserlinie, so führt das die meiste Zeit des Jahres zu einer unerwünschten Auskühlung des Teichwassers. Überirdische Rückläufe erzeugen in der Regel auch Geräusche, die je nach Fallhöhe von anderen Anwohnern als störend empfunden werden können. Überirdische Wasserzuläufe in den Teich können verwendet werden, wenn sie nur dann im Betrieb sind, wenn die Umgebungsluft wärmer ist als die Teichwassertemperatur. Da ein Koiteich ganzjährig betrieben wird, müssen alle Rohrleitungen frostsicher verlegt werden.

Überlauf zum Kanal

Neben den Bodenabläufen und dem Skimmer benötigt ein Koiteich auch einen Überlauf zum Kanal. Dieser dient dazu, dass bei Starkregen das überschüssige Wasser kontrolliert ablaufen kann. Dieser Überlauf muss mindestens in DN 100 ausgeführt und direkt in den Kanal gelegt werden. Der Überlauf dient auch dazu, bei automatisierten Wasserwechseln das überschüssige Wasser abzuführen.

Hinweise zur Sicherheit von Schwerkraftanlagen

Ein Teich bekommt keinen Ablauf zur Entleerung. Es ist so gut wie nie notwendig, dass ein Teich entleert werden muss. Sollte es doch einmal nötig sein, so kann dies mit einer Tauchpumpe gemacht werden. Das Risiko, dass ein Ablauf undicht wird oder sogar kaputtgeht – und sofort ein völliger Wasserverlust eintritt – wird so vermieden.

UV-C Anlage

An jeden Koiteich gehört eine UV-C-Anlage, die hauptsächlich der Abtötung der Schwebealgen dient. Je nach Anlagenleistung übernimmt sie auch eine geringe Entkeimung des Teichwassers. Nach einer Faustformel sollte die UV-C-Leistung doppelt so hoch sein wie das Teichvolumen (z.B. 50 Kubikmeter Teichinhalt = UV-C-Leistung 100 Watt. Bei vom Standard abweichenden Umwälzraten muss die UV-C-Leistung angepasst werden). Ist die Umwälzrate deutlich kleiner als einmal in zwei Stunden, dann wird sie in der Regel wirkungslos gegen Schwebealgen, weil die Abtötungsleistung geringer ist als die Reproduktionsrate der Schwebealgen.

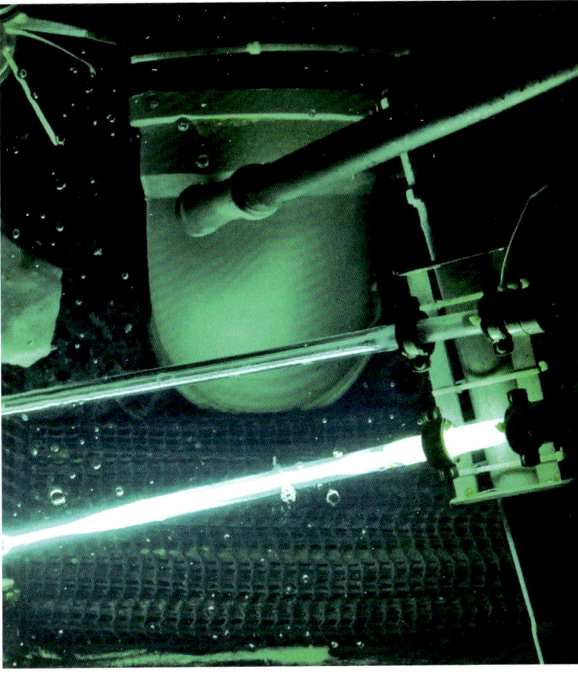

Tauch-UV-C.

Seit vielen Jahren gibt es sogenannte Tauch-UV-C-Lampen, die in die Sammelkammer oder den Siebfilter integriert werden. Diese Lampen haben den Vorteil, dass sie kein Gehäuse haben, welches den Volumenstrom behindert. Sie sind damit sehr gut in jede mögliche Anlagenkonfiguration einzubauen. Wichtig ist es, die UV-C-Lampen so einzubauen, dass ein Verblitzen der Augen nicht möglich ist, sie müssen also in einem abgedeckten Anlagenteil installiert werden, und sobald man dies öffnet, muss sich die Lampe abschalten.

Früher wurden UV-C-Lampen mit Gehäuse verwendet, deren großer Nachteil in dem kleinen Querschnitt zu sehen ist, der für den Wasserstrom zur Verfügung steht.

Sollte der Teich einen Ablauf zum Kanal haben? Ganz eindeutig: nein. Zum einen ist er nicht nötig, weil es höchst selten vorkommt, dass der Koiteich geleert werden muss. Das eingefahrene Teichwasser ist der wertvollste Besitz, den ein Koihalter neben seinen Tieren hat.

Zum anderen kann ein Absperrorgan auch einmal kaputtgehen. Wie bereits erwähnt, werden Schieber immer undicht. Aber selbst Kugelhähne werden mit der Zeit undicht, und was will man dann machen? Die Notwendigkeit ist nicht vorhanden und wegen des Risikos für die Koi ist deshalb ein direkter Ablauf abzulehnen.

Foto: Heiko Blessin

Die Filtration

Die mechanische und biologische Reinigung finden in entsprechenden Filtern statt (mechanischer Filter und biologischer Filter). Für die Gesunderhaltung der Fische ist eine funktionierende biologische Reinigung wesentlich wichtiger als eine gute mechanische Reinigung. Meist ist es jedoch so, dass der Teichbesitzer mehr Wert legt auf die optische Sauberkeit, weil er diese sehen kann, die biologische leider nicht.

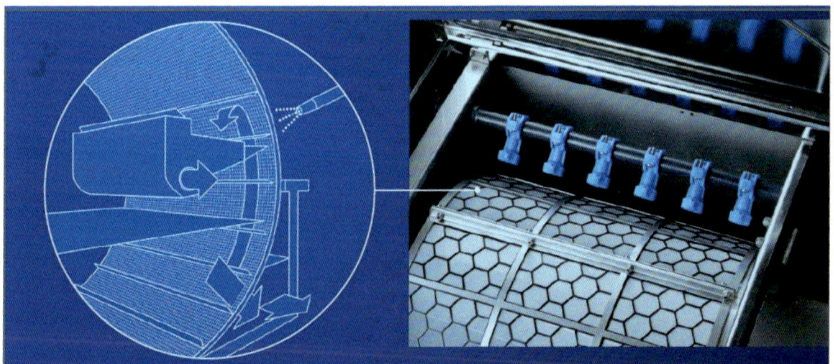

Foto: New Aqua

Funktionsprinzip Trommelfilter.

Automatisch arbeitender Siebtrommelfilter.

Mechanische Reinigung

Unter mechanischer Reinigung versteht man das Filtrieren des Schwebeschmutzes (Blätter, Algen, Kotreste u.a.), damit sich diese erst gar nicht im Wasser lösen. Dabei sind Systeme, die den Schmutz periodisch und in Abhängigkeit vom Grad der Verschmutzung dem Kreislauf entziehen (Trommelfilter, Bandfilter, Vliesfilter), solchen Systemen vorzuziehen, die den Schmutz nur abscheiden, der dann im Wasser verbleibt und sich weiter auflöst (Spaltsiebfilter, Bürstenkammern, Absetzbecken, Vortex).

Der Vorteil von Siebfiltern besteht darin, dass der Schmutz das System nicht belastet, indem er sich im Wasser auflöst. Ein guter Kompromiss sind feinmaschige Siebe mit Maschenweiten von 40 bis 80 µ, die die gewünschten Verunreinigungen aus dem System entfernen, aber immer noch eine ausreichende Durchströmung haben, um wirtschaftlich sinnvolle Spülintervalle zu gewährleisten. Diese Systeme benötigen auch weniger Frischwasser als die Systeme mit Vortex-, Schwamm- oder Bürstenfiltern. Hier wird viel Wasser zur Reinigung des mechanischen Systems benötigt.

Eine Bürstenkammer zum Herausfiltern des Schwebeschmutzes war bis etwa 1998 gute Praxis, heute wäre sie nur akzeptabel, wenn der Kunde sie trotz besserer Alternativen haben möchte.

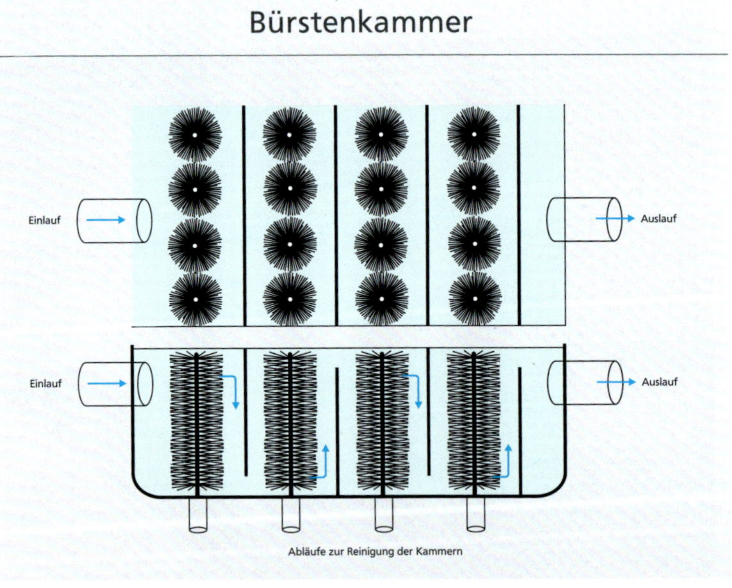

Grafik: Thorsten Hardel

Biologischer Abbau

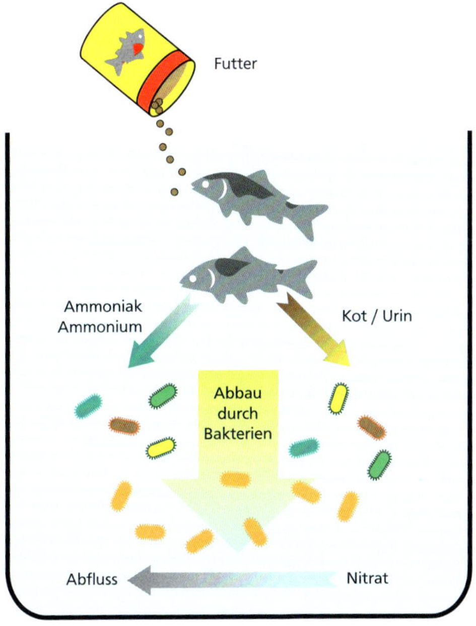

Grafik: Thorsten Hardel

Biologische Reinigung

In der Grafik kann man den biologischen Reinigungszyklus erkennen. Alle Ausscheidungsprodukte der Koi und die Stoffe, die über die Umwelt in den Teich eingetragen werden, werden hier mithilfe von Bakterien über mehrere Stufen abgebaut.

Der Prozess der Nitrifikation läuft in zwei Stufen ab: Unter Mitwirkung von Sauerstoff findet die mikrobielle Nitrifikation von Ammoniak/Ammonium zu Nitrit und dann zu Nitrat statt. Den Abbau von Ammoniak/Ammonium erledigen Bakterien der Gattung *Nitrosococcus*, sowie *Nitrospira*, *Nitrosolobus*, *Nitrosovibrio* und *Nitrosomonas*. Die zweite Abbaustufe von Nitrit zu Nitrat wird von *Nitrospira*, *Nitrobacter*, *Nitrococcus* und *Nitrospina* bewirkt.

Gerade beim Einfahren von biologischen Filtern kommt es gerne zu einer Hemmung der zweiten Abbaustufe durch eine Anreicherung von Nitrit, das die Entwicklung der Bakterien, die Nitrit zu Nitrat oxidieren, hemmt.

Auch eine Reihe von Schimmelpilzen ist in der Lage, die zwei Stufen der Nitrifikation zu bewerkstelligen. Zur Oxidation benötigen die Bakterien Sauerstoff und Hydrogencarbonat. Das führt bei einem dicht besetzten Teich zum Verbrauch der Härtebildner und damit zu einem sinkenden pH-Wert. Das Fehlen von Härtebildnern führt zu einer Unterbrechung der Nitrifikation.

Die Abbauleistung der Bakterien ist stark von der Temperatur abhängig, wie die nachfolgende Tabelle zeigt:

Abbauleistung Filterbakterien

Temp. °C	*Nitrosomonas*		*Nitrobacter*	
	1/d	h	1/d	h
10	0,29	82,8	0,58	41,4
20	0,76	31,6	1,04	23,1
30	1,97	12,2	1,87	12,8

1/d = Anzahl der Teilungen pro Tag, h = Generationszeit
Quelle: Biologie der Abwasserreinigung, Spektrum Akademischer Verlag

Filtermaterial

Kaum etwas wird so heftig diskutiert wie die spezifische Oberfläche von Biofiltermaterialien. Die Annahme, dass eine höhere spezifische Oberfläche es erlaubt, den Filter kleiner zu bauen, ist leider total falsch. Die Oberflächen der gängigen Filtermaterialien bewegen sich zwischen 200 und 1.500 m^2/m^3. Kunststoffträger wie Helix oder ähnliche liegen zwischen 200 und ca. 800 m^2/m^3, keramische Materialien können bis zu 3.000 m^2/m^3 Oberfläche haben.

Zunächst einmal gilt, wer den Biofilter möglichst klein bauen will, der schafft sich nur unnötige Risiken, und vor allem beraubt er sich jeder Flexibilität für die Zukunft – also kein guter Rat. Nach meiner Erfahrung sollte der Biofilter zehn Prozent des Teichvolumens haben, das passt immer und bietet ausreichend Reserve für später.

Doch welche Filtermaterialoberfläche sollte es denn nun sein? Meiner Meinung nach eine kleine von etwa 200 bis 400 m^2/m^3 bei einem möglichst großen Träger von mindestens 15 Millimeter Durchmesser. Verwendet man Biochips, so sind auch 1.500 m^2/m^3 möglich, da sie sich nicht zusetzen können.

Viel wichtiger als die Oberfläche ist allerdings folgende Frage: „Kommt der Dreck, der in dem Filtermaterial durch absterbende Bakterien entsteht, auch aus dem Material heraus"? Wenn nicht, dann ist die große Oberfläche nämlich sinnlos. Nitrifikation findet nur bei ausreichender Anwesenheit von Sauerstoff statt, der fehlt aber, wenn der Bakterienschlamm nicht von der Oberfläche verschwindet.

Hel-X und Biochips

Foto: Christian Stöhr GmbH & Co., Marktrodach

Zuletzt habe ich bei einem Kunden einen Kompaktpapierfilter gesehen, bei dem das Papier um die biologische Trommel gewickelt war – und der war zu allem Überfluss auch noch mit einem keramischen Filtermedium mit großer Oberfläche bestückt. Da aber keine Bewegung vorhanden war, war er komplett verschlammt. Schlimmer kann es gar nicht kommen. Folgendes ist passiert: Man vergisst, rechtzeitig Papier nachzufüllen, das schmutzige Wasser läuft ungefiltert über das keramische Material und verschließt die Poren. Damit ist eine große Oberfläche nicht mehr gegeben. Da man bei den meisten Kompaktpapierfiltern an das Filtermaterial nicht mehr heran kommt, ist eine Reinigung unmöglich (selbst wenn man es heraus bekäme, wie will man die Poren reinigen).

Center-Vortex, Mehrkammerfilter

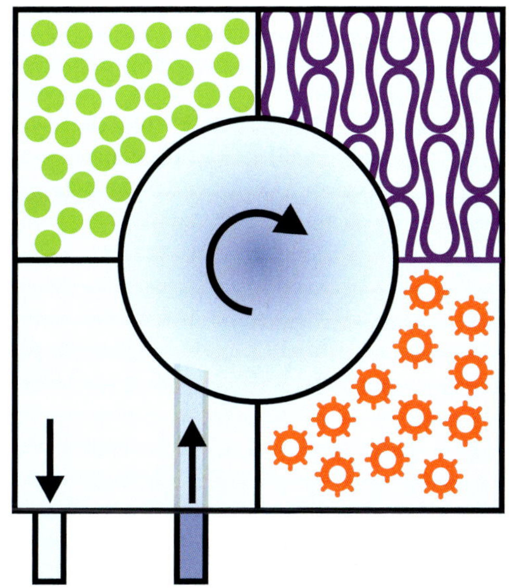

Grafik: Thorsten Hardel

Hinweise zum Betrieb eines Biofilters

- Ein zu kleiner Biofilter beraubt mich jeder Flexibilität für die Zukunft.
- Eine hohe spezifische Oberfläche beim Filtermaterial ist überhaupt nur so lange vorhanden, bis mein Biofilter läuft.
- Ein Filtermaterial mit hohem Lückengrad und geringer spezifischer Oberfläche sorgt für stabil funktionierende Biofilter und reinigt sich selber.
- Es gibt Biofilter mit nur einer und mit mehreren Kammern. Die Kammern des biologischen Filters werden mit Filtermedien unterschiedlicher Art gefüllt, deren Oberfläche im Laufe der Zeit von den abbauenden Bakterien besiedelt wird. Diese Filter nennt man auch Festbettfilter, weil sich das Filtermedium nicht bewegt, sondern vom Wasser umströmt wird.
- Da jeder Biofilter von unterschiedlichen Bakterienkulturen besiedelt wird, bietet es sich an, zwei unterschiedliche Biofilter einzusetzen. Zum Beispiel als Basis einen Moving-Bead-Filter zu verwenden und diesen mit einem kleinen Festbett- oder Rieselfilter zu ergänzen. Wichtig: Es ist unbedingt auf eine möglichst gute Selbstreinigung des Festbettfilters zu achten.

Festbettfilter

Für eine hohe Bakterienzahl ist eine möglichst große verfügbare Oberfläche des Filtermaterials erforderlich. Die Filterkammern müssen also ausreichend groß dimensioniert sein, um eine entsprechend große Menge Filtermaterial aufnehmen zu können. Nach meiner Erfahrung sollte das Filtermaterial einen möglichst großen Lückengrad haben, damit jederzeit sichergestellt ist, dass es nicht verstopft. In der Praxis werden Festbettfilter heute mit zu feinporigen Materialien gebaut, was eine regelmäßige Reinigung durch den Teichbesitzer erfordert.

Festbettfilter neigen zum Verschmutzen und Verblocken. Überall wo sich Schmutz ansammelt, entstehen jedoch anaerobe (sauerstoffarme) Zonen, in denen keine der gewünschten Abbauprozesse stattfinden.

Hinweise zum sicheren Betrieb von Festbettfiltern

Die Bakterien in biologischen Filtern besiedeln die Filteroberfläche. Regelmäßig sterben auch Bakterien ab. Diese abgestorbenen Bakterien müssen mit der Wasserströmung aus dem Filter gespült werden. Bei einigen Filtermaterialien wie Aquarock, Muschelschalen, Bürsten und allem, was als Schüttung in Festbettfiltern verwendet wird, ist der Lückengrad so klein, dass dies nicht passiert. Der Dreck bleibt da und wird immer mehr. Mit der Zeit verschlammt der Filter so sehr, dass dort der biologische Abbau stoppt. Um einen zuverlässigen Betrieb zu gewährleisten, muss der Filter mit Materialien gefüllt werden, die einen hohen Lückengrad besitzen.

Foto: Rostislav Ageev, stock.adobe.com

Moving-Bead-Filter

Eine andere Art Biofilter ist der sogenannte Moving-Bead-Filter. In diesem Biofilter wird das Filtermedium, welches im Wasser schwimmt, permanent bewegt. Ein Filter mit bewegtem Filtermaterial ist einem Filter mit einem festen Filterbett immer vorzuziehen, der bei gleichem Volumen effektiver arbeitet als ein Festbettfilter.

Das Filtermaterial wird durch die Bewegung permanent gereinigt und die aktive biologische Oberfläche immer optimal mit Nährstoffen und Sauerstoff versorgt. Der Biofilm auf dem Träger ist durch die hydraulische Belastung sehr dünn (ca. 150 μ). Das ist aus biologischer Sicht sehr effizient, weil die Filterbakterien immer gut mit Sauerstoff und Nährstoff versorgt werden.

Es ist gute fachliche Praxis, dass das Medium alleine durch die Strömung des Wassers bewegt wird, damit keine zusätzlichen elektrischen Verbraucher wie Belüfter oder Rührwerke dazu nötig sind. Um dies zu erreichen, muss der biologische Filterbehälter oval oder rund sein. Er sollte einen Durchmesser aufweisen, der es ermöglicht, die erforderli-

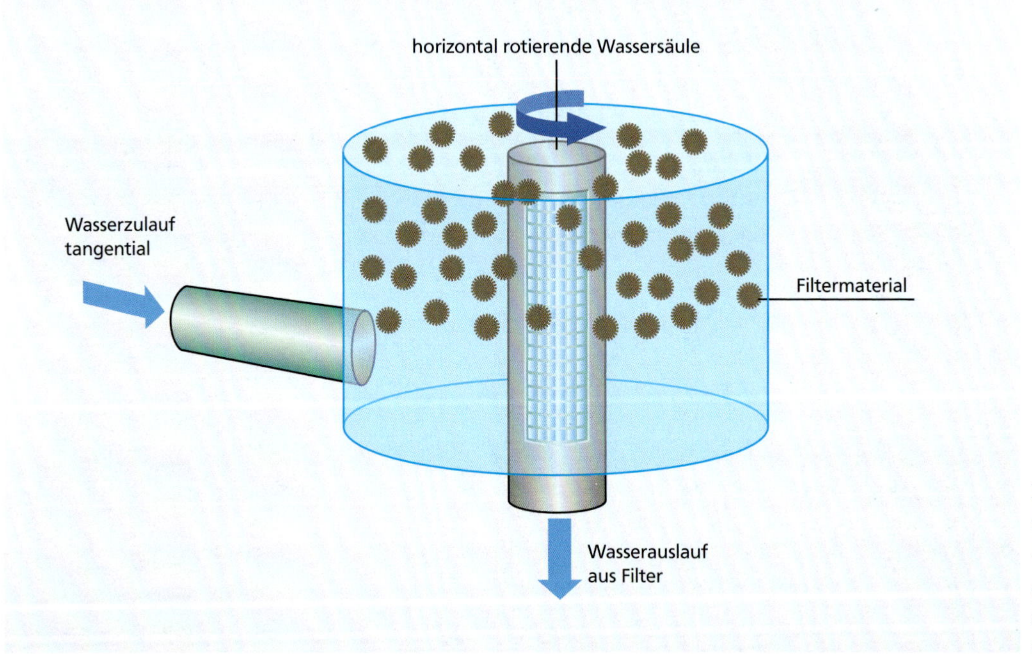

Grafik: Thorsten Hardel

Moving-Bead-Filter-material

Foto: Christian Stöhr GmbH & Co., Marktrodach

che Filter-Materialmenge in einer Schichtdicke von maximal 40 Zentimetern unterzubringen. Eine höhere Schichtdicke führt in der Regel zu einer zu hohen Reibung, die die Bewegung des Materials unterbindet.

Der Einlauf in den Behälter erfolgt tangential. Das führt zu einer Rotation des Wasserkörpers. Der Abfluss im Behälter sollte über ein Mittelrohr mit entsprechenden Bohrungen erfolgen, die das Filtermaterial zurückhalten.

Grundsätzlich wären auch rechteckige Behälter möglich, die horizontal von einer Seite zur anderen durchströmt werden. Hier ist der Aufwand, eine rollende Wasserwalze zu erzeugen, jedoch um ein Vielfaches schwieriger als bei den oben aufgeführten runden Behältern.

Geeignete Filtermaterialien mit hohem Lückengrad für Moving-Bead-Filter sollten eine Oberfläche von 100 bis 200 m^2/m^3 haben. Ein solches Filtermaterial kann sich nicht zusetzen.

Schwämme sind als biologischer Träger nach meiner Erfahrung nicht mehr zeitgemäß, da sie immer die Gefahr bergen zu verstopfen. Verstopfte Poren haben aber keine aktive biologische Oberfläche mehr. Schwammfilter sind darüber hinaus schwer in ihrem Durchfluss einstellbar und eine Veränderung des Durchflusses hat einen direkten Einfluss auf das Verstopfen der Schwämme.

Auch wenn das Filtermaterial so gewählt wird, dass eine Reinigung nicht erforderlich ist, sollte der gesamte biologische Filter zugänglich sein, damit er regelmäßig kontrolliert werden kann.

Hinweise zum sicheren Betrieb von biologischen Filtern

Der biologische Filter ist das Herzstück eines jeden Koiteichs. Deshalb ist es wichtig, ihn am Leben zu erhalten, wenn die Teichanlage gestört ist und die Umwälzung des Teichwassers unterbrochen sein sollte. Dies hat zur Folge, dass die Bakterien keine Nahrung mehr bekommen und verhungern. Eine andere Störung kann der Defekt des Filterbelüfters sein, wodurch die Bakterien ohne Sauerstoff absterben.

Leider oft unbemerkt bleibt das Verschmutzen der Filteroberfläche. Hier fehlt es an Sauerstoff, sodass keine Nitrifikation stattfinden kann. Da ein Filter in der Regel langsam verdreckt, fällt die verminderte Leistungsfähigkeit zunächst oft nicht auf und bleibt ohne Folgen.

Veränderungen mögen die Filterbakterien gar nicht. Aus diesem Grund ist es angeraten, eine gleichbleibende Wasserbelastung, also eine regelmäßige Fütterung einzuhalten (Futterautomat).

Sollten Nahrung und/oder Sauerstoff fehlen, ist es am besten, den Biofilter zu leeren. Ohne Wasser kapseln sich die Bakterien ein und überleben. Sobald Nahrung und Wasser wieder vorhanden sind, arbeiten sie weiter und die volle Leistungsfähigkeit ist in Kürze wiederhergestellt.

Entweder wird ein Filtersystem installiert, welches sich selber reinigt, oder der Filter muss in regelmäßigen Abständen gereinigt werden. Diese Reinigung muss schonend mit Teichwasser erfolgen. Bei einer Reinigung mit dem Hochdruckreiniger gehen die Bakterien in den Kanal.

Filterbakterien reagieren auf Temperaturunterschiede, mangelnde Nahrung, mangelnden Sauerstoff, starke pH-Werte mit Arbeitsverweigerung. Sie mögen es dunkel, Sonnenlicht würde die Aktivität hemmen.

Foto: Sandra Lechleiter

Regelmäßige Fütterung durch einen Automaten garantiert gleichbleibende Wasserqualität.

Fallstricke bei der Filterwahl

Ich trenne die Filtration in eine mechanische und eine biologische Komponente. Grundsätzlich sollte einmal pro Stunde der gesamte Inhalt des Teichs durch beide Filter geleitet werden. Voraussetzung für das Gelingen ist allerdings, dass die Filter für den Durchsatz auch gemacht sind. Und hier wird es kompliziert: Denn die Menge an Wasser, die pro Stunde durch den Filter geht, bestimmt die Baugröße des Filters. Für den Laien ist es gar nicht so einfach, hier Filter A mit Filter B zu vergleichen, denn natürlich bedienen sich die diversen Hersteller unterschiedlicher Angaben bezüglich der technischen Definition ihres Filters.

Verschiedene Herstellerangaben für Filtermaterial.

Koiteich	Gartenteich	Schwimmteich
Teichgröße	bis 60.000 l	
Wasserdurchsatz	40.000 l/h	
Koibesatz	100 kg	
Maße (L x B x H)	1450 x 1350 x 574 mm	
Einlauf	5 x DA 110	
Auslauf Pumpe	1 x DA 110	
Entleerungsöffnung	1 x DA 63 + 1 x DN 75	
Vliesbreite	750 mm	
Kammerfüllung max.	350 l	

Technische Daten	
Koiteiche bis	80 m³
Schwimmteiche bis	120 m³
Max. Durchflussmenge Schwerkraft	450 m³/h
Max. Durchflussmenge gepumpt	35 m³/h

Maße (L x B x H)	1350 x 470 x 890
max. Pumpleistung	30.000 l/h
für Koiteiche bis zu	45 m³
für Schwimmteiche bis zu	60 m³
Biovolumen	370 l
empf. Biomenge mind.	100-150 l
Eingang	3 x 110 mm
Ausgang	2 x 110 + 2 x 63/75 mm

Modell	Koiteiche bis 70.000 Liter bei normalem Koi-Besatz
	Schwimmteiche bis 140.000 Liter ohne Fischbesatz
	Gartenteiche bis 140.000 Liter
Eingänge optional	bis 5 x 110 mm
Ausgang	2 x 160 mm
Schmutzrinne	1 x 110 mm
Edelstahlsieb	60 µm
Getriebemotor	0,12 kw
Grundmaße (L x B x H)	920 x 500 x 480 mm
Gesamtmaße	1120 x 500 x 480 mm
Trommelmaße (L x Durchm.)	650 x 320
Durchfluss/h max. 50 µm	26.000 Liter/h
Durchfluss/h max.60 µm	32.000 Liter/h
Durchfluss/h max. 70 µm	40.000 Liter/h

Ein aufmerksamer Teichbesitzer hat mir einmal einige Herstellerangaben geschickt und es ist erstaunlich, welche Angaben man dort bekommt oder nicht bekommt.

1. Die Aussage für Teiche bis mehrere Tausend Liter: Hier fehlt jedweder Bezug zur Wasserbelastung. Ohne diese zu definieren, sagt die Behauptung, ein Filter sei für eine Teichgröße x geeignet jedoch gar nichts aus. Nach meiner Einschätzung ist diese Aussage sogar irreführend, denn wie soll ein Laie erkennen und beurteilen, ob sein Filter nun passt oder nicht.
2. Die maximale Durchflussrate xLiter/Stunde: Auch diese Aussage ist ohne eine Definition der Wasserverschmutzung sinnlos. Es leuchtet auch dem Laien ein, dass ein Filter einen anderen Durchsatz hat, wenn das Wasser keine Schwebstoffe beinhaltet, als wenn es mit einer Schmutzfracht von xGramm/Liter belastet ist. Eine solche Aussage ist nicht seriös, weil wieder die Bezugsgröße fehlt.
3. Die maximale Durchflussrate bei xMikrometer Maschenweite: Auch hier fehlen dem Verbraucher die wesentlichen Informationen, um die Eignung des angebotenen Filters für den eigenen Teich bewerten zu können.
4. Eignungfür Koiteiche bis xLiter, bei einer Durchflussrate, die deutlich kleiner ist als die Teichgröße x: Hier setzt sich der Filterhersteller einfach über die gute fachliche Praxis hinweg. Dem Käufer wird suggeriert, dass der Filter über eine entsprechende Leistung verfügt, ohne dass der Verkäufer dieses beweisen kann. Wer diesen Filter erwirbt, verbaut sich die Möglichkeit, die Leistung seines Teichsystems durch eine Erhöhung der Umwälzrate zu verbessern. Dies hat umfangreiche Auswirkungen auf das gesamte Teichsystem.

Fazit: Welche Angaben benötigen wir für einen Siebfilter, um einerseits eine Beurteilung über seine Leistungsfähigkeit und andererseits einen Vergleich zwischen den unterschiedlichen Filtern, die der Markt anbietet, zu ermöglichen?

Wichtig sind die Angaben zum Wasserdurchsatz bei einer definierten Schmutzbelastung und zur Maschenweite des verwendeten Siebes. Damit ist dann ein Vergleich von Preis und Leistung möglich. So würde auch sofort ersichtlich, ob ein deutlich kleiner Filter oder einer mit anderen Rohranschlüssen überhaupt realistisch mit der angegebenen Wassermenge zurechtkommt.

Natürlich tendiert der Verbraucher dazu, Geld zu sparen und ist versucht, den Angaben des günstigen Anbieters zu vertrauen. Deshalb sollte man mit dem Anbieter einen Kaufvertrag schließen, in dem genau definiert ist, welche Aufgabe der Siebfilter zu erfüllen hat, also welcher Durchfluss, welche Schmutzfracht und bei welcher Maschenweite. Zusätzlich sollte auch der Spülwasserverlust definiert werden, denn es ist schließlich ein Unterschied, ob ein Filter einmal pro Stunde für 15 Sekunden spült oder alle drei Minuten. Die Kosten dafür trägt letztlich der Verbraucher.

Was für den mechanischen Filter und seine Dimensionierung gilt, hat ebenso Gültigkeit für den biologischen Filter. Auch hier werden eher kleine Filter angeboten und deren Leistung bei optimalen Bedingungen benannt. Ignoriert wird, dass die meisten Teiche unbeheizt sind und die meiste Zeit eher wenig optimale Bedingungen für den Filter herrschen.

Foto: mirkograul, stockphoto.adobe.com

Nur mit einer guten Filteranalage erreicht man solch glasklares Wasser.

Kompaktfilter

Geeignete Kompaktfilter sind für mich beispielsweise die Beadfilter, die Papierfilter und Siebfilter mit angeschlossener Biokammer kombinieren. Der Beadfilter ist ein geschlossener Behälter, ähnlich einem Sandfilter. Statt Sand enthält er ein Kunststoffgranulat, welches gleichsam als mechanischer und biologischer Filter dient.

Wenn der Filter in Betrieb genommen wird, schwimmt das Filtermaterial auf und setzt sich vor die Auslauföffnung des Filters. Mit der Zeit verschmutzt das Granulat und die Öffnungen zwischen den einzelnen Granulatpartikeln setzen sich mit Schmutz zu. Dadurch wird die Filterwirkung im Hinblick auf die Schwebstoffe immer feiner, der Strömungswiderstand im Filter aber auch immer größer.

Das Granulat dient gleichzeitig auch als biologische Oberfläche, auf der der Abbau von Ammonium zu Nitrit/Nitrat stattfindet. Leider vermindert die eben geschilderte Verschmutzung die biologische Leistungsfähigkeit und reduziert die Umwälzleistung.

Ein Beadfilter braucht auch viel mehr Pumpenleistung als ein Schwerkraftfilter. Aus diesen Gründen hat der Beadfilter nach meiner Meinung keine Berechtigung, an einem neu gebauten Koiteich verwendet zu werden, er hat gegenüber der Kombination aus Siebfilter und Moving-Bead-Kammer nur Nachteile.

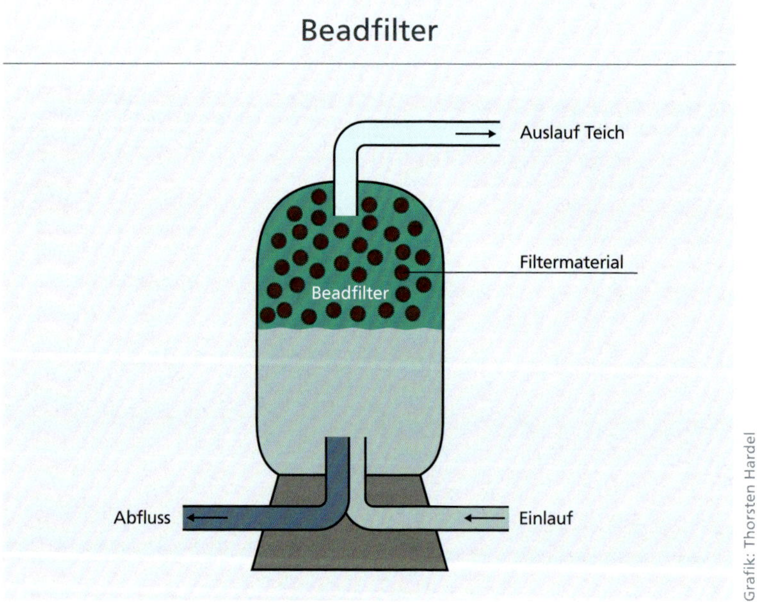

Grafik: Thorsten Hardel

Bestandteile eines Papierfilters

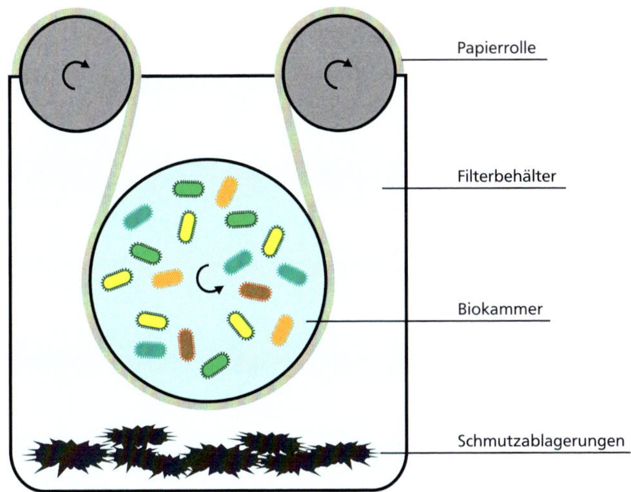

Grafik: Thorsten Hardel

Beim Papierfilter läuft das Wasser von außen durch das Papier in die Trommel. Dort befindet sich das biologische Filtermaterial. Der große Nachteil dieser Filter ist der Tatsache geschuldet, dass man keine Möglichkeit hat, den biologischen Teil zu überwachen. Sollte man vergessen, rechtzeitig die Papierrolle zu wechseln, dann läuft das schmutzige Wasser in das biologische Filtermaterial und verdreckt es so, dass dort die nitrifizierenden Bakterien absterben. Das biologische Filtermaterial zu wechseln oder zumindest herauszunehmen und zu reinigen ist nur mit großem Aufwand möglich. Bei einem Produkt gibt es nicht mal eine Öffnung, sodass man dort den Filter mit der Drahtschere aufschneiden müsste.

Ein weiterer Nachteil besteht darin, dass der Behälter als Absetzkammer dient, d.h. unter der Trommel bleibt der Dreck liegen. Dies kann man aber nicht sehen, weil es durch die Trommel verdeckt wird. Nach meiner Auffassung hat diese Art der Papierfilter zu viele Nachteile und sollte bei einem Neubau nicht ausgewählt werden.

Allerdings gibt es auch Papierfilter, die wie ein Trichter gebaut sind. Meist sind das Aufsatzfilter, leider auch manchmal Kompaktfilter. Gegen dieses Papierteil ist nichts zu sagen, lediglich der biologische Teil hat die gleichen Nachteile wie nachfolgend beschrieben.

Kompakt-Trommelfilter

Ich favorisiere Trommelfilter und Endlosbandfilter. Trommelfilter werden auch in der Aquakultur eingesetzt und sind professionelle Systeme, die schon tausendfach bewiesen haben, wie gut sie funktionieren.

Leider kam dann jemand auf die Idee, diese Filter mit einer biologischen Kammer zu kombinieren. Schon oft habe ich als Sachverständiger solche Systeme besichtigt und keines hat wirklich gut funktioniert. Das liegt daran, dass die Moving-Bead-Kammer immer zu klein ist. Damit ein Moving-Bead funktioniert, braucht er Platz, die Kammer muss rund oder oval sein und darf maximal zu einem Drittel mit Filtermaterial gefüllt sein. Das ist bei den Kompaktfiltern nicht möglich.

Ein Nachteil, den leider alle drei beschriebenen Filter haben, ist die Tatsache, dass sie keine Reserven bieten. Denn in den meisten Teichen nimmt im Laufe der Zeit die Menge der Fische zu.

Kompakttrommelfilter

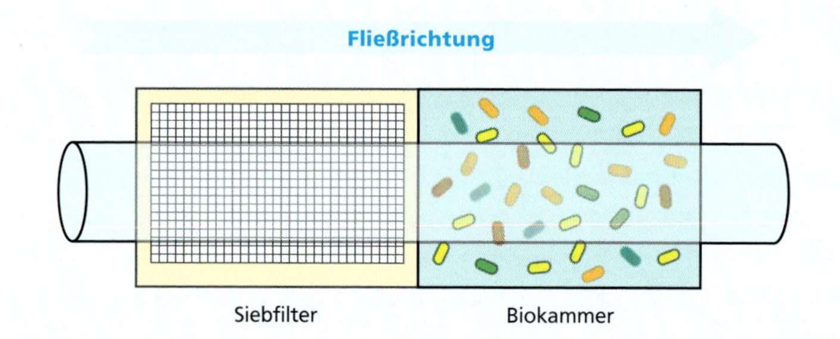

Gekoppelte Funktionen

Grundsätzlich sollte es an einem Koiteichsystem keine gekoppelten Funktionen geben. Wird der Belüfter in einem Biofilter, dessen eigentliche Aufgabe darin besteht, dem Filter ausreichend Sauerstoff zuzuführen, dazu benutzt, das Moving-Bead in Bewegung zu halten, dann ist das abzulehnen. Wenn der Belüfter ausfällt, funktioniert der Filter gar nicht mehr. Ist eine ausreichende Bewegung auch ohne die Belüftung gewährleistet, so funktioniert der Filter sicher schlechter als mit Belüftung, aber er funktioniert noch und deutlich sicherer.

Der Skimmer verhindert, dass die Verschmutzung der Oberfäche das Wasser eintrübt.

Foto: Bernd Arndt

Belüftung des Koiteichs

Der Sauerstoffbedarf eines Koiteichs hängt von der Jahreszeit, der Wassertemperatur, der Filtertechnik, der Futtermenge und dem Fischbesatz ab. Zur ausreichenden Sauerstoffversorgung der Fische und der Filterbakterien werden Teich und Filter mit sogenannten Belüftern ausgerüstet und belüftet.

Es handelt sich um Kompressoren, die die Außenluft ansaugen und über Rohrleitungen und Ausströmer in Teich und Filterbehälter drücken. Die Ausströmer sitzen idealerweise auf den Domdeckeln der Bodenabläufe (s. Grafik S. 39) und Ausströmerplatten in den Biofiltern. Die Dimensionierung der Belüfterleistung richtet sich nach den vorher genannten Faktoren. Es ist gute fachliche Praxis, einen Koiteich mit mindestens zwei passenden Belüftern auszuführen.

Die Belüftung mittels Sauerstoffkonzentratoren hat sich aufgrund der Anfälligkeit der Geräte gegen Luftfeuchtigkeit nicht bewährt. Neben der Anreicherung des Teichwassers mit Sauerstoff dient eine Belüftung auch dem Gasaustausch, d.h. durch die starke Wasserbewegung werden Gase, die beim Abatmen der Fische entstehen (CO_2), aus dem Teich ausgetragen.

High-Blow-Membranbelüfter.

Foto: Dirk Iwanowski

Wie alle Fische, fühlen sich Koi nur bei ausreichender Sauerstoffversorgung wohl.

Hinweise zur Sicherheit der Teichbelüftung

Infolge einer Gasübersättigung des Wassers entsteht ein Zuviel an gelöstem Gas im Blutkreislauf der Fische. Es perlt dann in den Adern der Fische aus und die Bläschen verstopfen die feinen Blutgefäße (Kapillaren) in den Kiemen, aber auch in den Augen, der Haut, den Flossen und inneren Organen. Das nennt man Gasblasenkrankheit.

Sie ist häufig die Ursache für unerklärliches Springen oder Scheuern, für abgestorbene Flossenränder oder sogar den Tod der Koi. Oft bleibt sie unerkannt und die Fische werden auf Verdacht mit irgendwelchen Mitteln fehlbehandelt, weil die Symptome ähnlich einem Parasitenbefall sind. In der Praxis entsteht Gasübersättigung zumeist dann, wenn dem Teich Luft unter zu hohem Wasserdruck und/oder Gegendruck durch einen feinporigen Membran-Ausströmer zugeführt wird, beispielsweise bei der Belüftung mit Venturidüsen oder mit sehr tief angebrachten Membranausströmern oder durch die Verwendung von Lufthebern (Mammutpumpen).

Gar nicht so selten tritt der Fall auf, dass eine Wasserleitung oder eine Pumpe Luft zieht und es durch den relativ hohen Druck in der weiterführenden Leitung zur Gasübersättigung kommt. Die Gasübersättigung ist für die Fische immer schädlich, egal welches Gas nun dafür verantwortlich ist. Schon bei einer geringen dauerhaften Übersättigung kommt es zur Ausbildung der Gasblasenkrankheit. Deshalb ist bei der Belüftung unbedingt mit einem Saturometer nachzumessen, ob eine Gasübersättigung vorhanden ist. Auch die Belüfter müssen ständig frische Luft ansaugen und nicht die Luft im Filterkeller umwälzen. Dies würde zu einer unzulässigen und gesundheitsschädlichen Anreicherung der Luft mit CO_2 führen und dem Filter und den Fischen schaden.

Sauerstoffkonzentrator und/oder HighBlow

Sauerstoff (O_2) ist für alle heterotrophen (auf Zufuhr organischer Stoffe in Form pflanzlicher und tierischer Nahrung angewiesen) Organismen und für die Pflanzen bei Dunkelheit lebensnotwendig. Er gelangt durch Eintrag aus der Luft und durch biogene Prozesse (Assimilation der Unterwasserpflanzen und des Phytoplanktons) ins Wasser. In Koiteichen ist es aufgrund der geringen Wassermenge und des hohen Fischbesatzes in der Regel notwendig, mit technischen Mitteln den Sauerstoffwert auf einem für die Lebewesen notwendigen Niveau zu halten. Wurde früher der Fokus bei der Teichbelüftung eigentlich nur auf die Anreicherung mit Sauerstoff und die ausreichende Versorgung der Koi mit Sauerstoff gelegt, so möchte ich die Aufmerksamkeit der Leser heute auf den zweiten Aspekt der Teichbelüftung lenken. Teichbelüftung bedeutet Wasserbewegung und damit Gasaustausch:

In einem natürlichen Gewässer strebt der Sauerstoffgehalt dem Normalwert zu, das heißt, es stellt sich der Sättigungswert ein, der abhängig von der Wassertemperatur ist. Die wiederum von der Wetterlage (Bewölkung, Luftdruck, Wind etc.) abhängt.

Demgegenüber hat das Wasser einen Dampfdruck, der dem Gasdruck entgegenwirkt. Dieser ist umso größer, je höher die Wassertemperatur ist. Deshalb kann wärmeres Wasser auch nur weniger Sauerstoff halten. Die Löslichkeit des Sauerstoffs ist also abhängig von der Wassertemperatur, der Bewölkung und dem Luftdruck.

Beispiel

Luftdruck 1013 hPa

20 °C 9,09 mg/l O_2
40 °C 6,41 mg/l O_2

Auch Salze haben einen Einfluss auf die Löslichkeit

1 Prozent NaCl reduziert die Löslichkeit
von 9,09 auf 8,54 mg/l bei 20 °C

Wassertemperatur

Die optimale Wassertemperatur für Karpfen liegt bei 26 °C, besonders wichtig ist die Einhaltung für die hochgezüchteten Koi aus Japan. Zwar ist es den Fischen möglich, den Winter auch bei niedrigen Wassertemperaturen (4 °C) gut zu überstehen, aber nur wenn sichergestellt ist, dass die Wassertemperatur das restliche Jahr über mindestens einige Monate im optimalen Bereich liegt und vor allem nicht ständig schwankt. Innerhalb von 24 Stunden sollte sie nicht um mehr als 2 °C differieren. Höhere Schwankungen bedeuten für den Koi Stress, der das Immunsystem schwächt und neben hohem Energieverbrauch auch zu anfälligeren Fischen führt.

Optimaltemperaturen für maximales Wachstum und besten Gesamtzustand

Fischarten	Temperaturbereich
Forellen, Lachse	12–16 °C
Störe	18–22 °C
Karpfen, Aale, Zander, Welse	22–26 °C
Tilapien, Barramundi	28–30 °C

Quelle: Dr. Andreas Müller-Belecke, „Fisch vom Hof", DLG Verlag.

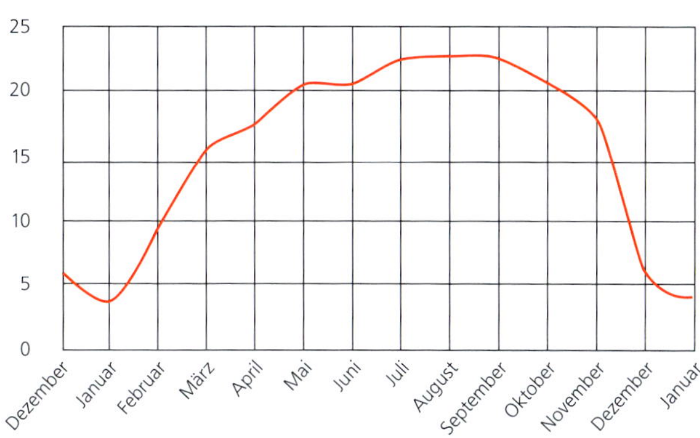

Idealer Temperaturverlauf im Koiteich im Gegensatz zu einem ungünstigen Temperaturverlauf (siehe S. 70).

Ungünstiger Temperaturverlauf im Koiteich

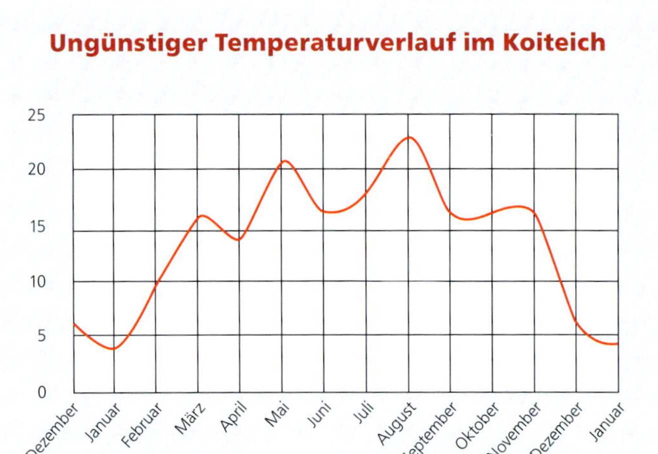

Teichheizung

Um die notwendige Wassertemperatur zu gewährleisten, kommt man in Deutschland um eine Teichheizung nicht herum. Wie diese dimensioniert werden muss, kann allerdings nicht pauschal beantwortet werden. Ihre Größe hängt von den Umgebungsbedingungen ab, aber auch davon, welche Temperatur der Halter seinen Fischen bereitstellen will.

Oft ist es möglich, den Wärmetauscher für den Teich an die Hausheizung anzuschließen, dabei muss allerdings bedacht werden, dass die Heizungsgröße ausreicht. Meist ist das nicht der Fall und die notwendige Vergrößerung der Hausheizung kann teuer werden. Die Alternative ist eine eigene Heizung für den Teich, was den Vorteil hat, dass sie unabhängig von den Heizgewohnheiten im Haus betrieben werden kann.

Bewährt haben sich Luftwärmepumpen. Sie sind einfach zu installieren, die Anschaffungskosten sind gering und das Preis-Leistungs-Verhältnis stimmt. Sie arbeiten nach dem umgekehrten Prinzip eines Kühlschranks. Während dieser im Innenraum Kälte erzeugt und nach außen Wärme abgibt, saugt eine Teich-Wärmepumpe über einen Ventilator die Umgebungsluft an (auch kalte Luft hat Energie), entzieht der angesaugten Luft die Energie und gibt kältere Luft ab. Die dabei aufgenommene Energie wird an das Kältemittel abgegeben und durch dieses an das Wasser übertragen.

Es gibt verschiedene Techniken

Der normale Betrieb: Der Verdichter ist an und läuft auf Volllast oder ist ausgestellt.

Die Step-Inverter-Technik: Sie hat mehrere Leistungsstufen in Abhängigkeit von der Außentemperatur und der Temperaturdifferenz zwischen Teich und Luft.

Die Full-Inverter-Technik: Die Leistung wird in Abhängigkeit von Außentemperatur und Temperaturdifferenz zwischen Teich und Luft stufenlos geregelt.

Wichtige Voraussetzungen für eine Wärmepumpe

Letztlich muss jeder entscheiden, welchen Aufwand er betreiben will und kann. Es muss lediglich sichergestellt werden, dass die Wassertemperatur nie in den kritischen Bereich unter 4 °C fällt und die Schwankungen pro Tag 1 °C nicht überschreiten.

C.O.P. – Coefficient of Performance Der C.O.P. stellt bei einer Teichwärmepumpe das Verhältnis von Stromverbrauch zu abgegebener Heizleistung dar. Bei der von mir empfohlenen Wärmepumpe ist er je nach Temperatur bis zu 16 °C bei 26 °C Umgebungstemperatur. Das ist nach meinem Kenntnisstand der bisher beste Wert, den eine Wärmepumpe erreichen kann.

Luftwärmepumpe.

Energieeffizienzklasse Da es mittlerweile Wärmepumpen der Energieeffizienzklasse A gibt, sollte diese gewählt werden, sonst werden die Stromkosten zu hoch.

Geräusche der Wärmepumpe Hier gibt es große Unterschiede bei den einzelnen Anbietern. 22,6 dB(A) sind möglich. Je leiser die Wärmepumpe ist, umso niedriger die Wahrscheinlichkeit, Ärger mit den Nachbarn zu bekommen.

Einsatztemperatur der Wärmepumpe Diese sollte mindestens bei -7 °C starten. Es gibt auch Wärmepumpen, die mit einer Mindesttemperatur von -25 °C angeboten werden. Ob hier dann aber mit Luft oder nur elektrisch geheizt wird ist fraglich. Nach meiner Einschätzung liegt hier der C.O.P. bei 1, was bedeutet, dass elektrisch geheizt wird. Damit macht dann aber der Einsatz einer Wärmepumpe keinen Sinn mehr.

Das Material des Wärmetauschers Sollte immer aus Titan sein und für Salzwasser geeignet.

Winterbetrieb Wenn die Wärmepumpe im Winter nicht betrieben wird, sollte sie leicht zu entleeren sein, damit es keinen Frostschaden gibt.

Dimensionierung Diese ist abhängig von vielen Faktoren wie Teichisolierung, Lage, Teichtiefe, Teichoberfläche. Ganz grob kann man sagen, dass für das von mir empfohlene Temperaturprofil die Teichheizung 30 Prozent des Teichvolumens an Heizleistung in KW haben sollte. Also bei einem 100-m^3-Koiteich sollte die Wärmepumpe ca. 30 KW an Heizleistung haben.

Installation elektrisch Bei kleinen Wärmepumpen reichen 230 VAC aus, bei großen Modellen benötigt man Drehstrom 400 VAC.

Installation mechanisch Entweder schließt man die Wärmepumpe im sauberen Teil des Wasserkreislaufs in der Filteranlage an oder besser nutzt man alternativ eine kleine Umwälzpumpe für ca. 150 €, die im sauberen Teil des Filters hängt und die Wärmepumpe speist.

Sicherheit Wärmepumpen sollten Strömungswächter haben, damit die Pumpe nicht ohne Teichwasser läuft. Sie könnte kaputtgehen, wenn sie heizt, ohne dass die Wärme abgeführt wird.

Heizen und Kühlen Die Wärmepumpe sollte beides können, dann ist man auf der sicheren Seite.

Gewährleistung Diese sollte fünf Jahre betragen.

Baumaterial und Dekoration

Steine am Teichrand müssen sehr gut befestigt sein, damit sie nicht in den Teich rutschen können.

Grundsätzlich dürfen alle wasserberührenden Teile nur aus fischverträglichen und korrosionsbeständigen Materialien hergestellt werden (s.S. 36 Abdichtungen). Dies gilt auch für die verwendeten Kleber und Beton. Bei der Verwendung von Holz, beispielsweise für Abdeckungen und Stege, sollten folgende Aspekte berücksichtigt werden:

- Befestigungsmaterialien müssen dauerhaft korrosionsfrei sein.
- Das Holz muss ausreichend alt sein, oder es muss vor dem Fischbesatz ein Wasserwechsel erfolgen, damit die ausgewaschenen Substanzen aus dem Haltungswasser entfernt werden.
- Werden Farben oder Lasuren verwendet, ist sicherzustellen, dass diese Substanzen nicht in das Haltungswasser gelangen können.

Aufbau einer Randgestaltung mit Steinen

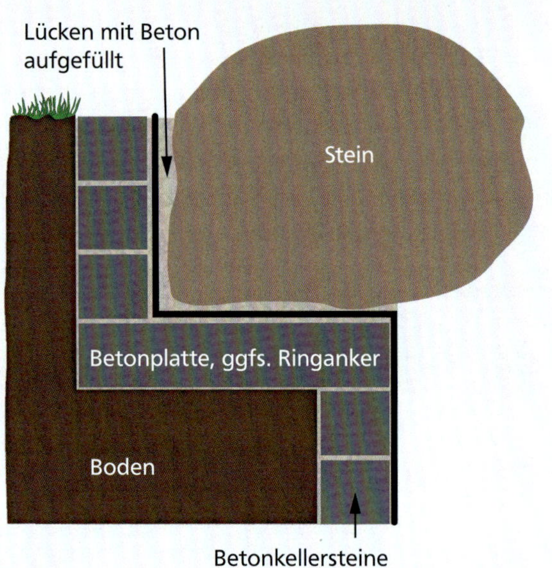

- Auch biologisch abbaubare Anstriche sind fischgiftig.
- Holz arbeitet. Je nach Feuchtigkeit dehnt es sich aus oder zieht sich zusammen, was gerade bei Abdeckungen dazu führen kann, dass diese verklemmen.
- Unterkonstruktionen müssen aus nicht verottendem Material erstellt werden.
- Flächen und Stege sollten so gebaut sein, dass Wasser ablaufen kann.
- Durch Algen und Moos auf dem Holz wird die Oberfläche glatt und es entsteht Unfallgefahr.
- Holzkanten können Fische verletzen, alle Balken und Bretter in Wassernähe müssen deshalb entsprechend bearbeitet werden.

Da ein Koiteich in der Regel nicht nur dem Zweck dient, die Fische gesund zu halten, sondern auch schön aussehen soll, ist es wichtig, auch die verwendeten Dekoelemente und Bauteile richtig auszuwählen und einzubauen. Am Teichrand werden oft Steine zur Verschönerung verwendet. Diese sollten unbedingt fest montiert sein, damit keine Gefahr besteht, dass sie in den Teich fallen können. Sie müssen auch so eingefasst sein, dass kein Futter dahinter gelangen kann und dort vergammelt. Ein geeigneter Unterbau ist notwendig, um Belastung durch das

Dekoelement zu tragen. Bei Dekoelementen direkt am Teich muss die Statik auch dann gewährleistet sein, wenn der Teich nicht befüllt ist. Sollten am Teich große Steine angeordnet sein, ist ebenfalls ein fester Untergrund notwendig, damit die Teichwand auch dann hält, wenn der Teich leer ist. Steine und Dekoelemente in Fischnähe dürfen keine scharfen Kanten und rauen Oberflächen besitzen.

Alle Gegenstände und Halterungen aus Metall, die mit dem Teichwasser in Berührung kommen, sollten korrosionsbeständig sein, da sie andernfalls das Teichwasser mit Metallen anreichern. Diese Lösungsprodukte sind für Koi giftig. Da selbst Edelstahl durch Biokorrosion Stoffe an das Teichwasser abgibt, ist die Verwendung auf das unvermeidliche Minimum zu begrenzen. Aus diesem Grund sind auch Filterbehälter aus Edelstahl nicht sinnvoll. Metalle sollten am Koiteich soweit wie möglich vermieden werden (außer beim Trommelfilter).

Foto: Carsten Thies

Flächen und Stege sollten so gebaut sein, dass Wasser ablaufen kann.

Bodengrund

Anders als bei einem Biotop, welches in erster Linie optisch gefallen soll, dient der Koiteich zur Gesunderhaltung der Tiere. Deshalb muss sich seine Gestaltung dieser Anforderung unterordnen. Aus diesem Grund ist es auch nicht sinnvoll, zu versuchen die Natur nachzuahmen, indem man den Boden eines Koiteichs mit Kies oder Sand befüllt. Eine Kiesschicht führt dazu, dass kleine Schwebeteile nicht mehr mit der Strömung in den Bodenablauf gelangen, sondern stattdessen zwischen die Steine fallen und dort vergammeln. Kotreste, Futter und andere organische Substanzen sammeln sich im Bodengrund. Beim Abbau dieser Substanzen werden Schwefelwasserstoffe frei, die für Fische giftig sind. Es bilden sich dann anaerobe (sauerstoffarme) Zonen, die die Vermehrung von pathogenen Keimen begünstigen.

Ein weiterer Nachteil von feinkörnigem Bodengrund besteht darin, dass die Koi sich diese kleinen Steinchen beim Scheuern über dem Boden gerne in die Augen reiben. Diese Steinchen wird der Koi von alleine dann nicht mehr los, sie müssen operativ entfernt werden.

Gleichfalls ist sicherzustellen, dass kein Futter in Bereiche gelangt, wo es von den Fischen nicht erreicht wird. Solches Futter würde schimmeln und die Wasserqualität negativ beeinflussen.

Kies oder Sand am Boden sind für Koi leider völlig ungeeignet.

Foto: Bernhard Teichfischer

Foto: Heiko Blessin

Im Gegensatz zum Naturteich, wird kontrolliertes Wasser – am besten Trinkwasser – für den Koiteich bevorzugt.

Füllwasser und Teichwasser

Wasser ist ein Lösemittel, aus diesem Grund und weil die Fische sich in einem intensiven Austausch mit dem Teichwasser befinden, ist es erforderlich, ein kontrolliertes Wasser als Füllwasser zu verwenden. Regenwasser ist als Teichwasser nicht geeignet. Nach meiner Erfahrung ist die beste Alternative nach wie vor Trinkwasser. Um jedoch sicherzustellen, dass das zur Nutzung ausgewählte Wasser keine Probleme bereitet, ist es sinnvoll, eine Wasseranalyse bei einem externen Wasserlabor durchführen zu lassen. Die zu überprüfenden Wasserparameter sind: Ammonium, Nitrit, Nitrat, Phosphat, Calcium, Magnesium, pH, Leitfähigkeit, Orthophosphat, Eisen, Chrom, Nickel, Vanadium, Aluminium, Cobalt, Kupfer, Molybdän und Pestizidrückstände.

Die durch Verdunstung entstehenden Wasserverluste sollten über eine automatische Nachspeisung ausgeglichen werden. Ebenfalls ist ein 10- bis 30-prozentiger Wasserwechsel pro Woche (je nach Wasserbelastung und Fischbesatz) zur Gesunderhaltung der Koi notwendig.

Verdunstung

Da ein Koiteich ein offenes System ist, auf den die Witterung einen starken Einfluss hat, ist es nicht möglich, die auftretende Verdunstung exakt zu berechnen. Als Faustformel kann man jedoch sagen, dass ein Teich mit zwei Meter Tiefe im Jahresmittel pro Monat zwischen 70 und 90 Liter Wasser verdunstet. Diese Werte sind bezogen auf Deutschland und die dort herrschenden mittleren Temperaturen. In einem extremen Sommer werden die Werte höher liegen. Damit die Funktion der Filtertechnik jederzeit gewährleistet ist, empfiehlt sich daher der Einbau einer automatischen Frischwassereinspeisung.

Mittlere Monats- und Jahreswerte der Verdunstungshöhe*

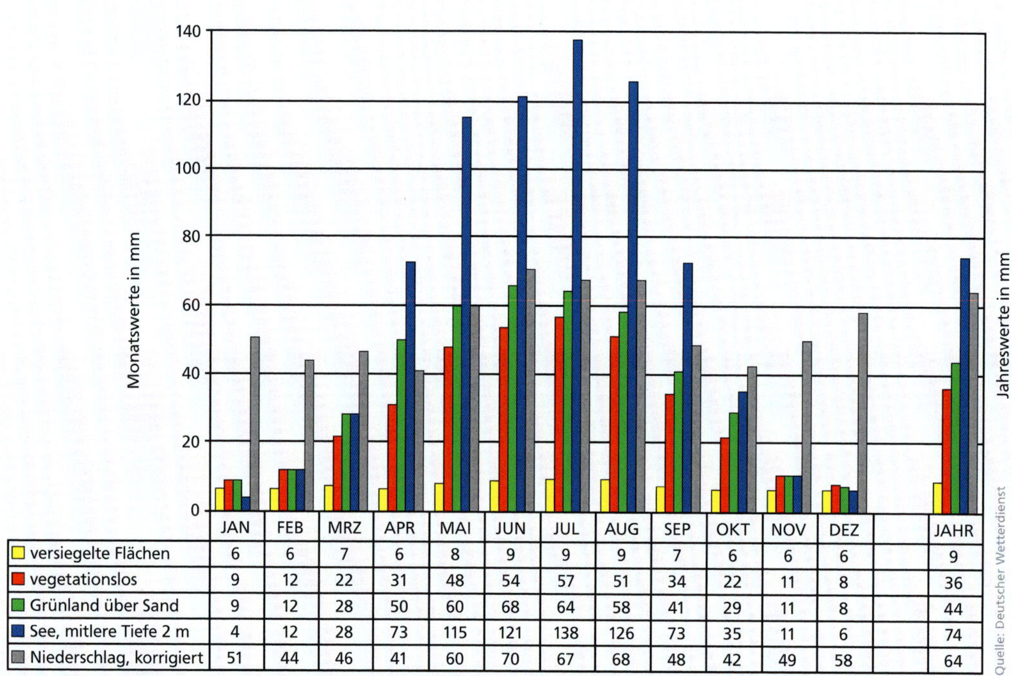

	JAN	FEB	MRZ	APR	MAI	JUN	JUL	AUG	SEP	OKT	NOV	DEZ		JAHR
versiegelte Flächen	6	6	7	6	8	9	9	9	7	6	6	6		9
vegetationslos	9	12	22	31	48	54	57	51	34	22	11	8		36
Grünland über Sand	9	12	28	50	60	68	64	58	41	29	11	8		44
See, mittlere Tiefe 2 m	4	12	28	73	115	121	138	126	73	35	11	6		74
Niederschlag, korrigiert	51	44	46	41	60	70	67	68	48	42	49	58		64

* Mittlere Monats- und Jahreswerte der Verdunstungshöhe ausgewählter Flächennutzungen und der korrigierten Niederschlagshöhe, Beispielort 1980/2009

Atmung der Fische

Wesentlich für die Sauerstoffaufnahme ist die Druckdifferenz des Sauerstoffs (O_2) beiderseits der trennenden Membran (Kieme).

Je größer diese Differenz ist, desto leichter wird die Sauerstoffaufnahme. Dies geschieht einmal durch die Strömung des Blutes auf der Innenseite und die ständige Erneuerung des Atemmediums (Wasser) auf der Außenseite durch Ventilation (Kiemenbewegung).

Die Atmung erfolgt dabei immer über Diffusion, d.h. den Versuch eines Konzentrationsausgleichs durch das respiratorische Epithel (Kieme). Die Diffusion ist abhängig von der Dicke der Membran und deren Fläche. Zur maximalen Aufnahme von Sauerstoff ist die Kieme sehr stark durchblutet und sehr dünn.

Welche Bedeutung hat der Sauerstoff?

Vergleicht man die Atmung von Fischen mit der von Luft atmenden Tieren, stellt man gravierende Unterschiede fest. Luftatmer haben relativ stabile Verhältnisse von Sauerstoff in der Atemluft.

Im Wasser unterliegen die Gaskonzentrationen starken natürlichen Schwankungen durch biogene Prozesse (Assimilation der Unterwasserpflanzen und des Phytoplanktons). Trotzdem muss der Fisch für eine ausreichende Sauerstoffaufnahme sorgen und den respiratorischen Teil der Säure-Basen-Regulation zeitgleich erledigen

Für die Atmungsvorgänge in Koi-Karpfen ist nicht nur Sauerstoff verantwortlich, sondern auch seine Konzentration im Blut und im umgebenden Wasser. Kohlenstoffdioxid (CO_2) beeinflusst den Blut-pH-Wert- und damit die Bindung von Sauerstoff an das Hämoglobin. Normal ist ein Blut-pH-Wert von 7,6 bis 7,8.

- Ist der Anteil von CO_2 zu niedrig, spricht man von respiratorischer Alkalose.
- Ist der Anteil von CO_2 zu hoch, spricht man von respiratorischer Acidose.
- Normal ist ein Blut-pH-Wert von 7,6 bis 7,8.

Das Hämoglobin transportiert den aufgenommenen Sauerstoff dann in alle Körperregionen, das Blut verlässt die Kiemen etwa zu einhundert Prozent Sauerstoff gesättigt. Die Abgabe des Sauerstoffs im Gewebe des Fisches ist maßgeblich abhängig vom pH-Wert des Blutes, bei zu niedrigem Kohlendioxid-Gehalt führt dies zur verminderten Freisetzung von Sauerstoff und das, obwohl er ausreichend im Wasser ist. Auf dem Rückweg nimmt das Blut CO_2 und NH_4^+ (Ammonium) mit und scheidet beides an den Kiemen aus.

Störung der Atmung und ihre Folgen

Die Konzentration des CO_2 im Wasser wirkt über die Atmung (Diffusion/Konzentrationsgradient = Gefälle zwischen zwei mischbaren Stoffen unterschiedlicher Konzentration) direkt im Fisch, ohne dass der pH-Wert des Wassers dabei eine Rolle spielt. Die Dreiecksbeziehung zwischen CO_2-Gehalt, pH-Wert und SBV (Säure-Bindungsvermögen) wirkt über den pH-Wert des Wassers auf das Dissoziations-Gleichgewicht von NH_3/NH_4^+ und damit auf die NH_3(Ammoniak)-Ausscheidung des Fisches, vereinfacht gesagt, bei hohem Ammoniak im Wasser kann der Fisch sein im Blut befindliches Ammonium nicht mehr wegatmen. Die Störung des Blut-pH-Wertes (Acidose, Alkalose) macht sich besonders an den Kiemen bemerkbar, der chemische Reiz führt zu Abwehrreaktionen: geschwollene Kiemen, Zunahme der Schichtdicke des Kiemenepithels. Daraus folgt eine längere Diffusionsstrecke und Veränderung der Strömungsverhältnisse in den Kiemen sowie die Veränderung des Gasaustauschs. Das führt zu idealen Bedingungen für die Parasiten.

Wie wir gesehen haben, ist eine ausreichende Menge Sauerstoff im Wasser allein nicht genug, die Atmung des Koi zu gewährleisten. Der Gehalt an Sauerstoff bedingt, wie leicht der Fisch das im Blut gelöste Kohlendioxid abatmen kann. Gleiches gilt für Ammoniak.

Betrachten wir den Extremfall, einen Koiteich, der nur mit Sauerstoff und dann auch noch hochtechnisch belüftet wird. Hier kommt man mit sehr wenig Luftvolumen aus, was wiederum wenig Wasserbewegung bedeutet. Das heißt aber auch, dass wenig Kohlendioxid ausgetrieben wird. Und das hat zur Folge, dass der Koi einen gestörten Gasaustausch haben kann, der zu einer Immunschwächung, schlechterer Futterverwertung und im schlimmsten Fall zu einer Erstickung (oder Eigenvergiftung) des Koi führen kann.

Ich selbst konnte an meinem Koiteich feststellen, dass meine Tiere im Sommer 2006 nach der Fütterung lethargisch am Boden lagen. Ein Belüften mit einer 120-l-Highblow veränderte dieses Verhalten total. Die Fische waren auch nach der Fütterung deutlich lebhafter. Die einzige mögliche Erklärung ist, dass durch die starke Wasserbewegung Kohlendioxid ausgetrieben wurde, was es den Tieren ermöglichte, ihr im Körper produziertes Kohlendioxid leichter abzuatmen.

Das heißt, wir brauchen die Highblow zwar nicht für die Anreicherung mit Sauerstoff, aber für den Gasaustausch. Unter diesem Aspekt muss Technik zur Teichbelüftung völlig neu betrachtet werden. Ich selbst habe früher geschrieben, wie schön es ist, wenn im Teich überhaupt kein Sprudler den Blick auf die Fische verhindert. Aber was nützt das, wenn es den Fischen schadet. Wenn man also ohnehin einen Belüfter im Teich benötigt, so kann man ihn ja auch direkt zur Belüftung einsetzen. Das spart dann Laufzeit beim Sauerstoffkonzentrator.

Ein weiterer Aspekt, der zunehmend an Bedeutung gewinnt, ist die Tatsache, dass aufgrund der Klimaerwärmung und der damit verbundenen Belastung der Stromnetze, Stromausfälle zunehmen können. Gerade im Sommer 2006 war dies festzustellen. Welche Konsequenzen hat dies für Koihalter?

Koi sind sehr anpassungsfähig und können sich an Sauerstoffwerte von 5 bis 6 mg/l sehr gut anpassen. Laut Prof. Schreckenbach et. al. sind diese Werte ausreichend, dass die Koi die aufgenommene Nahrung vollkommen verwerten können.

Die Tatsache, dass Sauerstoffkonzentratoren (Sauerstoffkonzentrator, Sauerstoffreaktor) zunehmend ihren Weg in den Koimarkt gefunden haben, hat zu einer Technisierung unserer Koiteiche geführt. Was passiert aber, wenn der Strom ausfällt?

Zwei Beispiele eines gut besetzten Koiteichs mit einem Koi pro Kubikmeter Wasser, Wassertemperatur 23 °C, gut gefüttert mit zwei Prozent pro Kilogramm Körpergewicht/Tag:

- Teich Nr. 1 mit Sauerstoffkonzentrator und geregeltem Sauerstoffwert von 8 mg/l
- Teich Nr. 2 mit Sauerstoffkonzentrator ohne Regelung, aber mit Zeitschaltuhr

Im ersten Fall bekommen die Koi sehr schnell ein Sauerstoffproblem, wenn der Strom ausfällt, weil unter den genannten Bedingungen der Sauerstoffgehalt sehr schnell unter 6 mg/l sinkt. Und Sie haben keine Möglichkeit etwas zu ändern, weil der Strom fehlt – vorausgesetzt Sie sind zum Zeitpunkt des Stromausfalls überhaupt zu Hause.

Im zweiten Beispiel sind hohe Sauerstoffschwankungen an der Tagesordnung und schwächen Ihre Koi.

Die ungeregelte Belüftung mit Sauerstoff hat noch einen weiteren Nachteil. Je nach Anzahl der Unterwasserpflanzen und Algen gibt es tagsüber durch die Fotosynthese eine hohe Sauerstoffproduktion. Dies führt am Tag zu sehr hohen Werten, während nachts durch die Umkehr der Fotosynthese eine Sauerstoffzehrung durch die Pflanzen entsteht. Fazit: eine nochmals höhere Schwankung des Sauerstoffgehalts und damit Stress für die Koi.

Ein anderer ebenso wichtiger Aspekt sind die Kosten. Dazu sei noch einmal daran erinnert, dass eine Highblow 40 etwa 40 Watt benötigt. Eine Highblow 80 also 80 Watt usw. Ein Sauerstoffkonzentrator braucht zwischen 400 und 500 Watt. Hieraus resultiert, dass dieser so wenig wie möglich laufen sollte, um bezahlbar zu bleiben. Das führt dazu, dass neben dem Sauerstofferzeuger ein Sauerstoffreaktor sowie diverse Eintragsysteme und Pumpen gekauft werden, um die Kosten beim Stromverbrauch zu minimieren. Ob sich das bei Investitionen von 2000 € und darüber rechnet? Bedenkt man nun, dass für das Austreiben von CO_2 ohnehin eine Highblow benötigt wird und dass ein Sauerstoffwert von 5 bis 6 mg/l völlig ausreichend ist, damit sich Ihre Koi wohlfühlen, so kann man darüber nachdenken, ob dieses ganze Sauerstoffequipment überhaupt notwendig ist?

Meine Erfahrungen beruhen auf Versuchen in den heißen Sommern 2006 und 2007, in denen die Wassertemperaturen zwischen 23 und 25 °C lagen. Diese führten dazu, dass ich den Teich und den Biofilter mittels Highblows belüfte. Während des Sommers läuft eine kleine Highblow 40 über die Regelung und schaltet immer dann zu, wenn der Sauerstoffwert unter 6 mg/l fällt. Eine große Highblow 120 läuft immer für 15 Minuten, mit Ausnahme zwischen 20 und 6 Uhr und zwischen 11 Uhr und 16 Uhr, da läuft sie permanent. So kann ich auf das ganze Equipment zur Einmischung von Sauerstoff getrost verzichtet, was den Geldbeutel erheblich schont. Im Frühjahr und Herbst bei niedrigeren Wassertemperaturen belüfte ich entsprechend weniger.

Diese Belüftung über die Mittagszeit dient neben dem Gasaustausch auch dem Zweck, die Wasseroberfläche zu bewegen. Dadurch kann das Sonnenlicht die Fischhaut nicht mehr beschädigen. In dieser Zeit wird auch nicht mit Schwimmfutter gefüttert.

Redundanz der Belüftung: Jedes technische Gerät kann einmal ausfallen. An Teichen, die mit Sauerstoff belüftet werden, ist in der Regel nur ein Sauerstoffkonzentrator vorhanden. Fällt dieser aus (Sicherung, Defekt etc.), gibt es keine Sauerstoffversorgung mehr. Wird der Teich mit zwei Highblows belüftet und hängen diese an zwei unterschiedlichen Stromkreisen, so ist die Sicherheit um einhundert Prozent erhöht. Nur ein totaler Stromausfall kann zum gleichen Ergebnis kommen.

Zur Erinnerung
Koi kommen mit Sauerstoffwerten von 6 mg/l gut aus. Die Sättigung ist bei 20 °C bei 9,0 mg/l, bei 21 °C bei 8,8 mg/l, bei 22 °C sind es 8,7 mg/l, bei 23 °C 8,5 mg/l und bei 25 °C 8,37 mg/l.

Wasserwerte für Koi

Die nachfolgende Tabelle gibt die Wasserwerte für Karpfen an. Da Koi genetisch Karpfen sind, können wir diese Werte 1:1 übernehmen.

	ME	kritischer unterer Bereich	eingeschränkter unterer Bereich	optimaler Bereich	eingeschränkter oberer Bereich	kritischer oberer Bereich
Sauerstoff O_2	mg/l	Bis 2	4–4,9	5,0 –8 ,0*	31–35	bis 40
pH-Wert		Bis 5,5	6,0 –6,9	7,0 –8,3	8,4 –10	bis 10,5
Kohlendioxid CO_2	mg/l	Bis 0,5	1–6	7–18	19–20	bis 25 je nach SBV
Stickstoff N	%/ Sätti-gung	–	–	<100	100 –103	bis 105
Ammoniak NH_3	mg/l	–	–	<0,02	0,02 –0,1	bis 0,2
Salpetrige Säure HNO_2	mg/l	–	–	<0,0004	0,0004 –0,001	bis 0,004
Nitrit NO_2	mg/l	–	–	<1,0	1,0 –3,0	bis 5,0
Nitrat NO_3	mg/l	–	–	<200	200... 300	bis 800

Quelle: Schreckenbach et al. 1987, 2001

Physiologische Ansprüche der Karpfen an die Umweltbedingungen

Der Wert für den Sauerstoffgehalt wurde von mir geändert, weil ich es für gefährlich halte, wenn ein Koihalter Werte größer 10 mg/l im Wasser mittels Technik einstellt. Der kritische untere und obere Bereich sind tödlich. Eingeschränkter unterer Bereich heißt, dass die Fische dies kurzfristig und bei guter Kondition ohne Schaden überstehen werden.

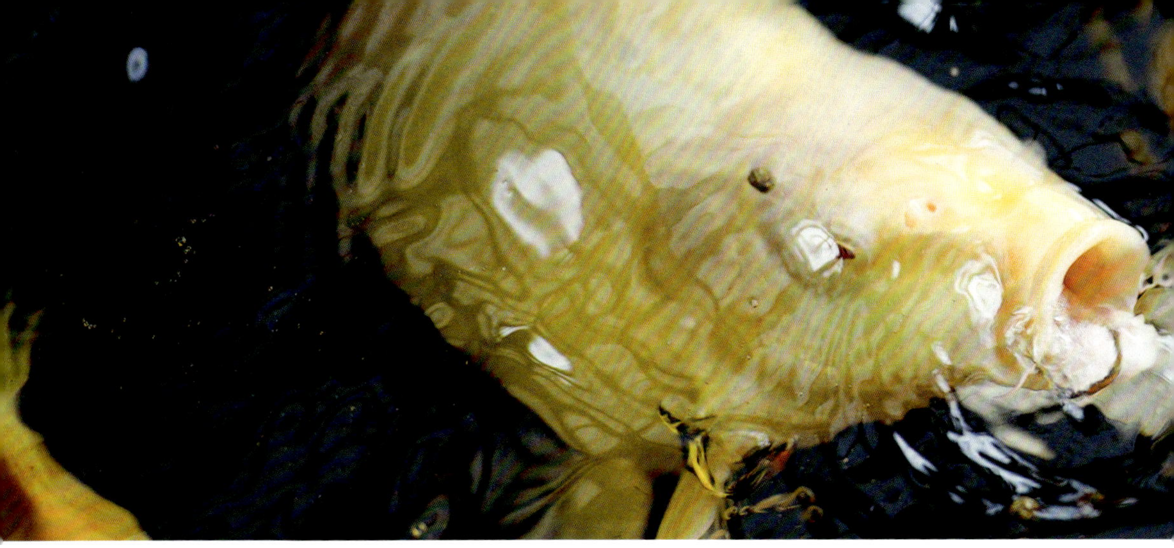

Stabile Werte mit geringen Schwankungen sind das Geheimnis vitaler Fische.

Ein anderer wichtiger Punkt: In Japan, wo unsere Koi zum großen Teil herkommen, wird bei den kleinen traditionellen Züchtern kaum mit Sauerstoff gearbeitet. Bei meiner letzten Reise nach Japan habe ich innerhalb einer Woche ca. 20 Züchter im ganzen Land besucht und keiner hatte eine Sauerstoffbelüftung am Teich. Der Koiliebhaber Kenichi Ogata hat in seinem 65-t-Teich für Jumbo-Koi keine Sauerstoffbelüftung, allerdings hat er drei Highblow 60 im Teich, hauptsächlich damit sich die Fische bewegen. In fast jeder Ausgabe der Zeitschift Nichirin wird ein solcher Teich vorgestellt – immer mit viel Belüftung ohne Sauerstoffbelüftung.

Fazit: Teichbelüftung dient zunächst dem Ziel, den Teich ausreichend und stabil mit einem vernünftigen Sauerstoffgehalt zu versorgen. Dieser Wert sollte im optimalen Bereich liegen, wobei mehr als notwendig nicht unbedingt besser ist. Darüber hinaus dient die Teichbelüftung aber auch dazu, den Gasaustausch im Wasser zu fördern. Dies ist aber nur möglich, wenn auch ausreichend Wasserbewegung erzeugt wird, was mit den geringen Gasmengen, die ein Sauerstoffkonzentrator erzeugt, nicht möglich ist. In keinem der von mir beobachteten Teiche führte die starke Belüftung mittels Highblow zu Problemen durch zu wenig gelöstes Kohlendioxid im Wasser. Wer auf Nummer sicher gehen will, sollte diesen Gehalt bestimmen. Der Koibesitzer sollte heute auf eine Sauerstoffregelung zurückgreifen, die sicherstellt, dass die Tag- und Nachtschwankungen durch die biogene Sauerstoffproduktion ausgeglichen werden. Stabile Werte mit geringen Schwankungen sind das eigentliche Geheimnis vitaler Fische. Also wiederum: So viel Technik wie nötig und nicht wie möglich, das macht Ihr Teichsystem zuverlässig und weniger anfällig gegen äußere Einflüsse und schont auch noch Ihren Geldbeutel.

Der pH-Wert

Alle Stoffwechselprozesse der im Wasser lebenden Organismen werden durch Enzyme gesteuert. Sie dienen als Katalysatoren und sind abhängig vom pH-Wert. In jedem Teich stellt sich ein natürlicher pH-Wert ein. Nur wenn Teiche mit weichem Wasser gespeist werden, kommt es zu starken pH-Schwankungen, die durch eine Pufferung mit einem Härtebildner unterbunden werden müssen. Eine artenreiche Biozönose stellt sich am ehesten in einem Wasser mit einem neutralen pH-Bereich zwischen 7 und 8,5 ein. Trotzdem ist davon abzuraten, den pH-Wert zu manipulieren (ausgenommen weiches Wasser). Die Risiken, die durch eine Säuredosierung entstehen, stehen in keinem Verhältnis zu einem etwas höheren Wert. Solange er sich zwischen 8 und 8,5 oder 8,5 und 9 relativ konstant bewegt, wird sich die Biozönose des Teichs an diese Bedingungen anpassen.

Es gibt keine wissenschaftlichen Beweise, die belegen, dass Koi sich in einem Teich mit einem ständigen pH-Wert von 7 besser entwickeln als in einem Teich mit einem höheren Wert. Bewiesen ist jedoch, dass starke Schwankungen der Wasserparameter immer zu Stress führen.

Wartung und Pflege

Koi sind lebende Wesen und haben als solche den Anspruch, dass gewisse Parameter im Koiteichsystem immer im richtigen Bereich sind. Einen wartungsfreien Koiteich kann es also nicht geben. Er ist ein künstliches System und im Gegensatz zum Aquarium ein offenes System, welches durch äußere (Sonnenschein, Regen, Jahreszeiten) und innere Gegebenheiten (Futtermenge, Haltungsintensität, Wassertemperatur, Filterfunktionalität, Umwälzrate) manchmal kurzfristig und intensiv beeinflusst wird. Deshalb müssen regelmäßige Kontrollen erfolgen, um die Funktionalität des Systems sicherzustellen.

Zu diesen Kontrollen gehört vor allem die Überwachung der Wasserqualität. Jedes technische Gerät hat nur eine begrenzte Lebensdauer, deshalb gehört eine regelmäßige Kontrolle aller technischen Geräte und der geplante und regelmäßige Austausch von notwendigen Bauteilen wie Pumpen und Belüftern unbedingt dazu. Bei unseren Autos verfahren wir auch ganz selbstverständlich so. Ein unkontrollierter Ausfall kann einen erheblichen Schaden und Fischverlust zur Folge haben.

Neben dem verschleißbedingten Ausfall kann ein Bauteil einfach kaputtgehen. Aus diesem Grund darf man einen Koiteich immer nur so lange unbeaufsichtigt lassen, wie es der Ausfall des Bauteils – ohne einen Fischschaden zu riskieren – erlaubt.

So kann der Sauerstoffgehalt im Sommer binnen weniger Stunden auf einen kritisch tiefen Wert fallen, falls die Belüftung ausfällt. Unter Berücksichtigung von Filtersystem, Fischbesatz und Teichgröße müssen

Hinweise zur Sicherheit im Störungsfall:
Für den Fall einer Störung muss Vorsorge getroffen werden. Da es immer darum geht, eine ausreichend gute Wasserqualität sicherzustellen, ist die erste Maßnahme eine Frischwasserleitung an den Teich zu legen, die im Störungsfall den Teich mit sauberem Wasser versorgt. Dies bedeutet, dass der Teich auch einen Ablauf zum Kanal haben muss, damit er nicht unkontrolliert überläuft.

Perfekt ist es, Ersatzgeräte zur Verfügung zu haben. Jeder Teichbesitzer sollte eine Reservepumpe und einen Reservebelüfter besitzen, um ein defektes Gerät schnell auszutauschen.

Sie sich die Frage stellen, was passieren könnte, wenn die Anlage im kritischen Hochsommer ausfällt und geeignete Maßnahmen ergreifen, damit diese Situation nie eintritt.

Wie bemerken Sie, wenn Ihre Anlage ausfällt? Wie können Sie das Überleben Ihrer Fische sicherstellen. Eine Maßnahme könnte sein, Frischwasser zulaufen zu lassen (funktioniert auch bei Stromausfall). Eine andere Möglichkeit ist der Einsatz eines Notstromaggregats, um zumindest die Belüftung, besser noch die Umwälzung zu gewährleisten.

Algen und Biofilme

Algen (Schwebe- und Fadenalgen) sind normaler Bestandteil des Ökosystems eines Koiteichs. Wie stark sie auftreten ist von System zu System unterschiedlich. Das akzeptable Maß an Algen muss deshalb vorab zwischen Auftraggeber und Auftragnehmer definiert werden.

Biofilme siedeln sich auf allen Oberflächen an. Sie bestehen aus Algen, Bakterien und anderen Mikroorganismen und sind ebenfalls ein natürlicher Bestandteil. Sie sind rutschig, deshalb ist es sinnvoll, Treppen und Leitern in Koiteichen entsprechend zu sichern und diese Rutschgefahr zu unterbinden.

Beim Bau von Koiteichen wird oft der Begriff der Klarwassergarantie bemüht. Dieser Begriff ist nicht eindeutig definiert und wird von den Beteiligten in der Regel unterschiedlich interpretiert. Ein Koiteich ist ein lebendes System, in dem glasklares Wasser (ähnlich dem Trinkwasser) nicht zu erzielen und auch für Koi nicht gut ist. Auch hier muss zwischen Auftraggeber und Auftragnehmer vor dem Baubeginn eine Definition über die gewünschte Wasserqualität erfolgen.

Pflege der Koi

Die Anlagentechnik ist ein Baustein erfolgreicher Koihaltung, ein anderer ist der Mensch, der sich um Teich und Fische kümmert. Fische haben den Nachteil, dass sie sich nicht direkt dem Teichbesitzer mitteilen können. Er kann nur indirekt über deren Verhaltensänderung erfahren, ob es den Fischen gut geht. Deshalb nützt die beste Technik auch nichts, wenn niemand täglich nach den Fischen schaut. Zudem muss man in der Lage sein, die Verhaltensänderungen der Koi richtig zu deuten, erst dann ist es möglich, diese auf Dauer gesund zu halten.

Foto: pb_pictures, stock.adobe.com

Damit keiner zu kurz kommt, können einzelne Koi auch gezielt gefüttert werden.

Die richtige Fütterung

Die richtige Fütterung hat neben der Wasserqualität die größte Bedeutung für gesunde Koi.

Die Futtermenge muss ausreichend sein, damit es jedem Koi möglich ist, genügend Futter in seinem Tempo aufzunehmen, das ist ca. ein Prozent seines Körpergewichts pro Tag.

Die Futterzeit richtet sich nicht nach Frühstück, Mittag- und Abendessen, sie möchten immer dann fressen und nach Futter gründeln, wenn sie Hunger haben. Die Menge, die sie dabei aufnehmen, ist in der Regel eher klein. Diese Art der Futteraufnahme kann man am besten dadurch nachahmen, dass über 24 Stunden verteilt gefüttert wird. Einfach ist das mit einem Futterautomaten zu erreichen.

Schwimmfutter ermöglicht es besser, die Koi bei der Futteraufnahme zu kontrollieren, Sinkfutter kommt andererseits dem Bedürfnis der Koi zu gründeln entgegen. Die Körnung sollte nie mehr als drei Millimeter betragen, auch große Koimäuler fressen kleine Pellets. Ideal sind Pellets mit zwei bis drei Millimeter Durchmesser. Eine Faustregel zur Kontrolle der richtigen Futtermenge: Ist der Kopf des Koi breiter als der Rest des Körpers, dann ist der Fisch zu dünn.

Das Fischgewicht im Teich sollte grob geschätzt werden, damit man die tägliche Futtermenge ermitteln kann, diese grobe Schätzung sollte aber immer mit dem Fressverhalten der Koi abgestimmt werden.

Ist der Koiteich im Sommer der vollen Sonne ausgesetzt, sollten die Koi nicht zwischen 10 und 16 Uhr mit Schwimmfutter gefüttert werden. Da sie keinen Schutz gegen das Sonnenlicht haben, würde dies die Fischhaut während des Fressens zusätzlich schädigen. Darüber hinaus ist es sinnvoll, den Skimmer während der Fütterung mit Schwimmfutter abzustellen.

Es darf keinesfalls sein, dass es zu einer Verschlechterung der Wasserqualität durch ausreichende Fütterung kommt (außer bei einem Teich, der neu in Betrieb genommen wird – hier kann es mehrere Monate dauern, bis der Filter eingefahren ist). Sind bei ausreichender Fütterung die Wasserwerte ständig über den erforderlichen Grenzwerten, dann muss entweder der Fischbesatz reduziert oder die Technik so erweitert werden, dass eine ausreichend gute Wasserqualität sichergestellt werden kann.

Zu einer schönen Koigemeinschaft gehören unbedingt die großen Drei: Kohaku, Sanke und Showa.

Foto: yuzu, Pixabay

Wichtig ist auch der pH-Wert, sollte er deutlich über 7 liegen, muss ein eiweißärmeres Futter gegeben werden (30 bis 35 Prozent Eiweiß), um eine Vergiftung durch Ammoniak zu vermeiden

Werden Fische sehr unterschiedlicher Größe zusammen in einem Teich gehalten, kann es ein Problem werden, dass jeder Fisch die richtige Menge an Futter bekommt. Kleine Fische brauchen im Verhältnis mehr Futter als große Koi über 60 Zentimeter. Deshalb ist es optimal, wenn sich der Größenunterschied in einem Teich in Grenzen hält.

Behandlung mit Medikamenten

Oft ist die Behandlung eines Koi oder des ganzen Teichs notwendig. Dann ist unbedingt darauf zu achten, den biologischen Filter nicht so stark zu schädigen, dass er abstirbt. Kaum ein Koihalter verfügt über ein eingefahrenes Ersatzbecken, das den gesamten Fischbesatz aufnehmen und dabei eine gute Wasserqualität bereitstellen kann.

Passiert ein solcher Zwischenfall im Hochsommer, so kann die Schädigung der Koi durch den abgestorbenen Biofilter und die daraus resultierende Wasserqualität schlimmere Folgen haben als die eigentliche Erkrankung. Die üblicherweise zur Verfügung stehende Frischwassermenge reicht in der Regel nicht aus, die Wasserqualität schnell zu verbessern, außerdem stimmt die Wassertemperatur nicht (im Sommer deutlich zu niedrig) und Frischwasser ist kein lebendiges Wasser, also grundsätzlich nicht direkt geeignet. Natürlich ist es trotzdem allemal besser, dann Frischwasser zu verwenden, als gar nichts zu tun. Zusätzlich sollte der Teich auf 0,3 Prozent mit jodfreiem Kochsalz aufgesalzen werden. Allerdings sollte das Salz zuvor nicht aufgelöst werden, weil sich sonst die Salzkonzentration im Teich zu schnell verändert.

Zugänglichkeit

Es ist gute fachliche Praxis einen Koiteich mit seinen Aggregaten so zu bauen, dass alle Bauteile einfach und schnell zugänglich sind, um sie zu kontrollieren, zu warten und eventuell schnell austauschen zu können.

Zur Zugänglichkeit gehört auch, dass der Teich so gebaut ist, dass die Koi jederzeit gefangen werden können. Erkrankt ein Tier, so muss die individuelle Behandlung durch Herausfangen möglich sein.

Geräusche

Einige Aggregate, die am Koiteich Verwendung finden, und einige Gestaltungselemente erzeugen Geräusche. Welche objektive Lautstärke diese haben ist dabei von untergeordneter Bedeutung. Koiteiche sind in der Regel in Wohngebieten und umgeben von Nachbarn. Da nutzt es dann nichts, wenn der Wasserfall alle Grenzwerte einhält. Fühlt sich der Nachbar gestört, so wird der Teichbesitzer zumindest nur noch eingeschränkt Spaß an dem Wasserfall haben. Gleiches gilt für Trommelfilter und Wärmepumpen – übliche Geräte an einem Koiteich. Da diese aber 24 Stunden in Betrieb sind, erzeugen sie auch nachts Betriebsgeräusche.

Um nach der Anschaffung keine unliebsame Überraschung zu erleben, ist es daher empfehlenswert, sich vor dem Kauf solcher Geräte von der subjektiven Lautststärke ein Bild zu machen. Dabei muss auch bedacht werden, dass sich das Spülgeräusch eines Trommelfilters am Nachmittag deutlich leiser anhört als um drei Uhr morgens.

Foto: Martin Kammerer

Foto: fotograupner, stockphoto.adobe.com

Unter dem Holzsteg ist ein idealer Rückzugsraum für die Koi, falls sie sich von den Badegästen im Teich gestört fühlen.

Nutzung als Schwimmteich

Wird ein Koiteich auch als Schwimmteich genutzt, so müssen die VDE DIN 0100-702 und die DIN 0100-737 bei der Installation der elektrischen Geräte berücksichtigt werden. Gleichzeitig ist eine ausreichend gute mikrobiologische Wasserqualität sicherzustellen, um gesundheitliche Schäden zu vermeiden. Der Koiteich muss über entsprechende Einstiegs- und Ausstiegsmöglichkeiten verfügen, damit die Nutzung gefahrlos möglich ist. Es ist empfehlenswert, die Elektroinstallation von einem Fachmann erstellen zu lassen.

Koikauf

Der Koikauf birgt ein relativ großes Risiko, den eigenen Bestand mit KHV (Koi Herpes Desease) oder CEV (Koi Sleepy Desease) zu infizieren. Es ist davon auszugehen, dass die im Handel verfügbaren Koi zu großen Teilen mit einer der beiden Krankheiten infiziert sind, ohne dass das mit einem entsprechenden Test nachgewiesen werden kann. Der dafür zur Verfügung stehende PCR-Test kann das Virus erst ab einer gewissen Virenmenge nachweisen, die bei einer nicht ausgebrochenen Erkrankung zu niedrig ist. Wer Koi kauft, der muss sich über dieses Risiko im Klaren sein.

Jeder Koi wird vor dem Kauf genau begutachtet.

Foto: Kölle-Zoo

Kauf von Japankoi

Es ist nach wie vor so, dass qualitativ hochwertige Koi mehr kosten als schlechte. Kein japanischer Züchter hat etwas zu verschenken und da sie jeden Tag mit Koi arbeiten, sind sie auch in der Lage, gute von schlechten Koi zu unterscheiden. Leider ist es so, dass im Handel nach meiner Erfahrung oft Koi als Tategoi angeboten werden, die keine sind. Oder die Fische haben Mängel, wie drohender Farbverlust, eine verkrümmte oder nicht mehr vorhandene Flosse oder sie wachsen nicht.

Ich habe zumindest noch keinen Fall erlebt, wo vermeintlich günstige Koi nicht doch einen Haken hatten. Besonders bei großen und günstigen Fischen ist es offensichtlich. Sind sie über 70 Zentimeter groß und sehr günstig, dann handelt es sich entweder um alte männliche Koi, Fische mit Farbverlust (Hikui) und oft auch um deformierte Tiere.

Koi kommen aus Japan in Tüten mit Wasser und Sauerstoff im Karton verpackt als Luftfracht an einem europäischen Flughafen – meist in Frankfurt oder Amsterdam – an. In einen Karton passen je nach Fischgröße unterschiedlich viele Fische, auf die dann der Transportpreis umzulegen ist.

12 bis 15 cm – 50 bis 60 Stück
15 bis 20 cm – 20 bis 40 Stück
30 cm – 8 bis 12 Stück
35 cm – 7 bis 10 Stück
40 cm – 4 bis 6 Stück
50 cm – 2 Stück
darüber – 1 Stück

Die Kosten für eine Box mit Fischen lag 2018 bei ca. 200 € pro Box für kleine Koi und bei Fischen von 90 cm für 800 bis 1000 €. Auf den Koipreis kommt dann noch der Handelsaufschlag, den Großhändler und Händler benötigen, um ihre Kosten zu decken und den notwendigen Gewinn zu erzielen.

Anhand dieser Beispiele kann man leicht abschätzen, ob der aufgerufene Preis zur angebotenen Qualität bei vorhandener Fischgröße passen kann.

Tategoi ist ein oft genutzter Begriff, um jungen Koi ein großes Potenzial zu bescheinigen und einen hohen Preis zu rechtfertigen. In meinem Verständnis bezeichnet Tategoi junge Koi, die noch nicht fertig entwickelt sind, deren Herkunft und bisherige Entwicklung aber auf eine sehr gute weitere Entwicklung hoffen lassen. Diese Koi verkauft ein japanischer Züchter, wenn überhaupt, nur zu dem Preis, den der Fisch erzielen kann, wenn er fertig entwickelt ist. Folglich kann ein Tategoi für

500 € keiner sein. Tateshita bezeichnet die Koiqualität, die unterhalb der Tategoi zu finden ist. Da es keine messbaren und nachprüfbaren (auch das Geschlecht ist manchmal noch nicht sicher zu bestimmen) Maßstäbe zur Qualitätseinstufung von Koi gibt, ist natürlich dem Missbrauch dieser Begriffe Tür und Tor geöffnet.

Hungrig und gesund: Hier können wir unseren Wunschkoi aussuchen.

Wer sichergehen will, der sollte seine Koi immer beim gleichen Händler seines Vertrauens kaufen und ihm genau sagen, welche Qualität man haben möchte. Da er Sie als Kunden ja behalten möchte, wird er sich nämlich zweimal überlegen, ob er Ihnen einen Fisch als Tategoi verkauft, der keiner ist. Denn einige Jahre später sehen Sie ja das Ergebnis, und hat sich der Koi dann nicht entsprechend entwickelt, ist Ihr Händler in Erklärungsnot.

In jedem Fall sollte man immer beim selben Händler kaufen. Neue Koi bringen auch neue Bakterien mit. Das kann beim alten Bestand zu Problemen führen (Kreuzverkeimung, mulitresistente Keime). Stammen die neuen Koi aus nur einer Quelle, dann wird ein guter Koihändler seinem Kunden immer mit Rat und Tat zu Seite stehen, kaufen Sie aus unterschiedlichen Quellen, steigt Ihr Risiko.

Unser Wunschkoi

Eile und Koikauf passen nicht zueinander. Wenn Sie unbedingt eine bestimmte Varietät haben möchten und der Händler Ihres Vertrauens einen solchen gerade nicht hat, dann warten Sie bitte, bis er ihn besorgt hat und kaufen Sie nicht übereilt woanders. Es gibt in Japan so viele Fische und jedes Jahr werden es mehr. Wenn Ihr Händler eine bestimmte Varietät nicht anbieten kann, dann fragen Sie ihn nach dem Grund. Auch japanische Züchter haben manchmal Probleme mit Fischkrankheiten, und der gute Händler kauft dann dort nicht. Transparenz ist auch bei der Herkunft Ihrer Koi wichtig. Sie sollten genau erfahren, von welchem Züchter Ihre Koi wirklich stammen. Es gibt in Japan sehr seriöse Züchter, die Wert legen auf Qualität, und es gibt Züchter, die mehr Wert darauf legen, alles zu jeder Zeit anbieten zu können.

Fischkauf über Bilder

Oft ist es heute üblich, Fische im Internet und über Bilder zu kaufen. Messen Sie doch einfach mal nach, wenn Sie den Fisch dann abholen, Fische schrumpfen eher selten. Und die Qualität von Haut und Farbe sollten auch übereinstimmen. Lassen Sie sich den Fisch bei der Abholung in eine blaue Wanne mit sauberem Wasser setzen, weichen Glanz, Farbe und Hautqualität dann vom Bild ab, wurde das Bild manipuliert.

Wann kaufen und einsetzen?

In meinen Teich kann ich zu jeder Jahreszeit neue Koi einsetzen, weil meine Koi regelmäßig mit neuen Koi in Kontakt kommen und der Teich von März bis November geheizt wird. Ich habe auch gute Erfahrungen gemacht, Koi bei Wassertemperaturen von 4 °C einzusetzen. Gerade bei Teichen, die selten mit neuen Koi in Kontakt kommen, ist ein Einsetzen im Winter nach meiner Erfahrung eine der sichersten Methoden.

Wie schon gesagt, ist es unmöglich, mit absoluter Sicherheit zu sagen, ob ein Koi gesund ist oder nicht. Kein KHV-Test kann diesen Nachweis erbringen. Man kann nur den äußeren Zustand eines Koi beurteilen und mittels eines KHV-Tests feststellen, ob die Krankheit zum Zeitpunkt des Tests nachweisbar ist.

Hier stellt sich auch die Frage nach dem Wert einer sogenannten Ankaufuntersuchung. Auch der Tierarzt kann nur feststellen, ob der Fisch augenscheinlich gesund ist, KHV und CEV kann er damit nicht sicher ausschließen. Jeder Koi trägt Parasiten und Bakterien mit sich, parasitenfreie Koi gibt es nicht. Umso wichtiger ist es, Fische aus vertrauenswürdigen Quellen statt billiger Koi zu kaufen.

Das Einsetzen neuer Koi im Winter ist eine sichere Methode.

Quarantäne

Um das Risiko zu minimieren, den eigenen Koibestand mit einer Krankheit zu infizieren, sollten neue Koi für sechs Wochen in Quarantäne gesetzt werden. Das ist eigentlich nichts anderes als ein kleiner Teich. Idealerweise wird dieser in einem Raum aufgebaut, der beheizbar ist. Wenn man nämlich statt des Beckens den ganzen Raum aufheizt, dann hat man viel weniger Ärger mit der Kondensatbildung (wenn der Raum ordentlich isoliert ist). Eine Quarantäne macht nur Sinn, wenn sie so gebaut ist, dass sie mindestens so gute Wasserwerte sicherstellen kann wie der Teich selbst. Dazu muss dann auch die Filtertechnik gut sein und vor allem sofort funktionieren.

Anhang
Rechtliche Aspekte rund um den Koikauf

Von RA Wolfgang Stühle, Fachanwalt für Arbeitsrecht, Fachanwalt für Bau- und Architektenrecht

Den Anstoß zu diesem Beitrag hat die Praxis am Teich selbst gegeben. Sei es nun, dass es nach Neuzugängen zu gesundheitlichen Problemen gekommen ist oder dass der gekaufte Koi nicht den Vorstellungen bzw. Erwartungen im Hinblick auf Allgemeinzustand, Geschlecht, Qualität oder Alter entsprach. Ist auf diese Weise Unzufriedenheit entstanden, stellten sich zwangsläufig Fragen nach Verantwortung und rechtlichen Handlungsmöglichkeiten. Welche Rechte und Pflichten hat der Käufer? Was hat der Händler zu verantworten? Oft wurde nichts unternommen, weil die Käufer glaubten, im Wesentlichen rechtlos dazustehen. An diesem Irrglauben ist der Handel nicht unschuldig, weil jahrelang durch Kleingedrucktes suggeriert wurde, nach Übergabe des Fisches liege das volle Risiko beim Käufer. Die Vielschichtigkeit der damit einhergehenden Fragestellungen macht es erforderlich, die Thematik in vier Bereiche aufzuteilen.

Was kann ich als Kunde fordern, wenn ich

- online beim Händler bestellt und gekauft habe? (Fernabsatzvertrag)
- beim Händler über eine Auktion gekauft habe? (Verkauf gegen Höchstgebot)
- mit einem Händler selbst importiert habe? (Mitimport)
- beim Händler oder aus privater Hand gekauft habe? (Gewährleistung)

Die jüngste Vergangenheit zeigt, dass sich der Handel mit Koi vom klassischen Vororthändler hin zu neuen Vertriebsstrukturen gewandelt hat. Man geht eben mit der Zeit. Immer mehr Händler gehen dazu über, Koi über Internetpräsenzen online zu verkaufen und anschließend zu versenden. Ebenso beliebt scheint der sogenannte Mitimport von Koi geworden zu sein, bei welchem der Kunde seine Fische online vorbestellt und diese dann mehr oder weniger direkt nach der Ankunft auf dem Zielflughafen entgegennimmt. Zu dieser Entwicklung gehört wohl in dieser Hinsicht auch der Vertrieb über sogenannte private Onlineauktionen.

Der Verbrauchsgüterkauf als Voraussetzung eines Fernabsatzvertrages

Ein sogenannter Verbrauchsgüterkauf (§ 474 Abs. 1 Satz 1 BGB) liegt immer dann vor, wenn ein Verbraucher von einem Unternehmer eine bewegliche Sache kauft. Der Koi ist – man staune – eine bewegliche Sache im Sinne des Gesetzes. § 90a BGB sagt zwar, dass Tiere keine Sachen sind, aber sie (rechtlich) wie Sachen behandelt werden. Verbraucher (§ 13 BGB) ist jede natürliche Person (also ein Mensch), die nicht für gewerbliche Zwecke kauft, Unternehmer (§ 14 BGB) jeder, der in Ausübung seiner gewerblichen Tätigkeit verkauft. Gemeint ist also das klassische Business-to-Consumer-Geschäft. Nicht Gegenstand dieses Beitrags ist damit das Business-to-Business- und das Consumer-to-Consumer-Geschäft, das jeweils eigenen Regeln unterliegt. Ein Verbrauchsgüterkauf ist also der Regelfall, wenn ein Koiliebhaber vom Händler kauft, ganz egal, ob ein Vorortgeschäft abgeschlossen wird oder der Vertrag über andere Vertriebsformen und Vertriebswege zustande kommt. Nur in der Form des Verbrauchsgüterkaufs ist auch der Fernabsatzvertrag denkbar.

Der Fernabsatzvertrag

Der sogenannte Fernabsatzvertrag verdient als Verbrauchsgüterkauf deshalb besondere Beachtung, weil sich an ihn viel weitreichendere Verbraucherschutzrechte knüpfen als bei Verbrauchsgüter-Kaufverträgen, die nicht als Fernabsatzvertrag zu qualifizieren sind. Wann also liegt ein sogenannter Fernabsatzvertrag vor? Vereinfacht gesagt – wenn auch etwas pauschal – immer dann, wenn sich der Käufer und der Verkäufer bei Abschluss des Kaufvertrags nicht die Hand schütteln können. Das Gesetz macht es etwas komplizierter, meint aber genau dasselbe, wenn es in § 312c BGB definiert:

(1) Fernabsatzverträge sind Verträge, bei denen der Unternehmer oder eine in seinem Namen oder Auftrag handelnde Person und der Verbraucher für die Vertragsverhandlungen und den Vertragsschluss ausschließlich Fernkommunikationsmittel verwenden, es sei denn, dass der Vertragsschluss nicht im Rahmen eines für den Fernabsatz organisierten Vertriebs- oder Dienstleistungssystems erfolgt.

(2) Fernkommunikationsmittel im Sinne dieses Gesetzes sind alle Kommunikationsmittel, die zur Anbahnung oder zum Abschluss eines Vertrags eingesetzt werden können, ohne dass die Vertragsparteien gleichzeitig körperlich anwesend sind, wie Briefe, Kataloge, Telefonanrufe, Telekopien, E-Mails, über den Mobilfunkdienst versendete Nachrichten (SMS) sowie Rundfunk und Telemedien.

Mit anderen Worten liegt ein Fernabsatzvertrag dann vor, wenn zum Vertragsschluss ausschließlich Fernkommunikationsmittel verwendet werden, wobei die Aufzählung in Abs. 2 von § 312c BGB nicht abschließend ist. Somit werden Verträge, die am Telefon geschlossen werden ebenso erfasst wie Verträge, die bei sogenannten Auktionen über das Internet geschlossen werden. Wichtig ist also der Zeitpunkt des Vertragsschlusses. Dabei kommt ein Vertrag schon dann zustande, wenn Angebot und Annahme vorliegen, gleichgültig, ob dies jeweils vom Verkäufer oder Käufer (Angebot oder Annahme) erklärt wird. Es reicht also für den rechtswirksamen Abschluss eines Kaufvertrags völlig, wenn z.B. ein Käufer beim Händler anruft und sagt: „Ich möchte gerne den Showa mit der Artikelnummer 1234 für 550,00 € haben" und der Händler antwortet: „Einverstanden". Für den Vertragsschluss ist weder die Übergabe oder der Versand des Koi notwendig noch die ganz oder teilweise Kaufpreiszahlung noch gar ein schriftlicher Kaufvertrag.

Diese (schlichte) Tatsache verdient besondere Aufmerksamkeit, weil sie nicht allen Verbrauchern so gegenwärtig ist. Danach dürften bei Käufen in sogenannten „Onlineshops", in „Internetauktionen auf einem Händlerportal" und bei „Mitimporten" regelmäßig Fernabsatzverträge vorliegen.

Auch die in der Branche wohl weit verbreiteten „Reservierungsvereinbarungen" sind rechtlich eindeutig als bereits abgeschlossener Kaufvertrag zu werten. Dabei ist es unerheblich, ob der Käufer für die Reservierung eines bestimmten Koi 5, 10, 20 oder 100 Prozent des Kaufpreises anzahlen muss oder gar keine Anzahlung leisten muss, denn Wirksamkeitsvoraussetzung für den Vertragsschluss ist gerade nicht, dass Leistungen ausgetauscht werden (Ware, Geld). Auch auf diesen Umstand sei ausdrücklich hingewiesen.

Das Widerrufsrecht

Das Gesetz knüpft an den Fernabsatzvertrag zwingend ein Widerrufsrecht des Käufers (Verbrauchers) in § 312g BGB. Das Widerrufsrecht selbst ist in § 355 BGB ausgestaltet und ist für Fernabsatzverträge durch § 356 BGB ergänzt. In § 355 Abs. 1 BGB ist bestimmt: Wird einem Verbraucher durch Gesetz ein Widerrufsrecht nach dieser Vorschrift eingeräumt, so sind der Verbraucher und der Unternehmer an ihre auf den Abschluss des Vertrags gerichteten Willenserklärungen nicht mehr gebunden, wenn der Verbraucher seine Willenserklärung fristgerecht widerrufen hat. Der Widerruf erfolgt durch Erklärung gegenüber dem Unternehmer. Aus der Erklärung muss der Entschluss des Verbrauchers zum Widerruf des Vertrags eindeutig hervorgehen. Der Widerruf muss keine Begründung enthalten. Zur Fristwahrung genügt die rechtzeitige Absendung des Widerrufs. Gemäß § 355 Abs. 2 BGB beträgt die Widerrufsfrist 14 Tage. Bei Verbrauchsgüterkaufverträgen beginnt die Frist zum Widerruf nach § 356 Abs. 2 BGB mit dem Erhalt der Ware. Über das Bestehen des Widerrufsrechts hat der Unternehmer sorgfältig zu belehren. Belehrt der Unternehmer falsch, wird er mit einem verlängerten Widerrufsrecht des Verbrauchers bestraft. Die Frist beginnt nämlich erst nach ordnungsgemäßer Belehrung zu laufen. Gelingt die Belehrung des Unternehmers überhaupt nicht, erlischt das Widerrufsrecht spätestens nach einem Jahr und 14 Tagen (§ 356 Abs. 3 Satz 1 und Satz 2 BGB). Was bedeutet das für den Koikauf? Wird der Koi also mittels eines Fernabsatzvertrags gekauft, kann der Käufer den Kaufvertrag – ordnungsgemäße Belehrung vorausgesetzt – mit einer Frist von 14 Tagen zu Fall bringen. Der Käufer braucht dafür keinen Grund. Die Frist läuft, sobald er den Koi in den Händen hält. Die Konsequenz aus dem Widerruf ist – vereinfacht gesagt – Geld zurück, Koi zurück, wobei der Käufer die Kosten der Rücksendung zu tragen hat, wenn der Verkäufer ihm diese Kosten in der Belehrung wirksam auferlegt. Jedenfalls aber hat der Verkäufer auch über die Folgen des Widerrufs ordnungsgemäß zu belehren. Angesichts der Tatsache, dass für die Verpackung des Koi besondere Kenntnisse erforderlich sind, wird wohl der Verkäufer die Rücksendung zu organisieren haben. Ohnehin bedarf der gewerbliche Tiertransport nach der Tierschutztransportverordnung (Verordnung (EG) 1/2005 des Rates) einer besonderen Erlaubnis.

Zweck des Widerrufsrechts

Warum gibt das Gesetz dem Fernabsatzkäufer ein Widerrufsrecht in zwingender Weise? Der Zweck ist darin zu sehen, dass der Käufer beim Fernabsatzvertrag gerade nicht die Möglichkeit hat, die gekaufte Ware vorher auf seine Qualität, Eigenschaft und Beschaffenheit zu prüfen, da bestenfalls ein Bild der Ware zur Verfügung steht. Dies kann der Käufer erst, nachdem er die Ware (hier den Koi) in den Händen hält. Dann soll der Käufer in Ruhe prüfen können, ob er am Kauf festhalten will. Entspricht die Ware den Erwartungen des Käufers nicht, soll er widerrufen können, ohne Druck, Zwang oder gar mit Begründungsaufwand.

Beispiele falscher Belehrungen

Der Handel belehrt über das Widerrufsrecht in vielen Fällen falsch, schlimmstenfalls überhaupt nicht, was nachfolgende Beispiele verdeutlichen sollen:

Beispiel 1:

„Der Kunde kann seine Vertragserklärung innerhalb von 14 Tagen ohne Angabe von Gründen in Textform (z. B. Brief, E-Mail) oder – wenn ihm die Sache vor Fristablauf überlassen wird – auch durch Rücksendung der Sache widerrufen. Die Frist beginnt nach Erhalt dieser Belehrung in Textform, jedoch nicht vor Eingang der Ware beim Empfänger und auch nicht vor Erfüllung der Informationspflichten gemäß Artikel 246 § 2 in Verbindung mit § 1 Abs. 1 und 2 EGBGB sowie unserer Pflichten gemäß § 312g Abs. 1 Satz 1 BGB in Verbindung mit Artikel 246 § 3 EGBGB. Zur Wahrung der Widerrufsfrist genügt die rechtzeitige Absendung des Widerrufs oder der Sache." Dies ist eine alte Widerrufsbelehrung und damit ungültig. Der Gesetzgeber hat das Widerrufsrecht mit Wirkung zum 13.06.2014 neu gestaltet. Ab diesem Zeitpunkt hätte nach den neuen Vorgaben belehrt werden müssen. Dies ist hier unterblieben. Die Konsequenz ist, dass die Widerrufsfrist nicht zu laufen beginnt, bis ordnungsgemäß belehrt wird, längstens beträgt die Widerrufsfrist 1 Jahr und 14 Tage ab Übergabe des Koi.

Beispiel 2:

„Sollten Koi gekauft werden, beginnt die Widerrufsfrist von 14 Tagen mit Stellung der Rechnung an den Käufer." Diese Belehrung entspricht ebenso nicht den gesetzlichen Anforderungen. Die Widerrufsfrist beginnt zwingend frühestens mit Erhalt der Ware. Hier wird der Beginn der Frist vorverlegt. Das ist unzulässig. Die Konsequenz ist, dass – schlimmstenfalls – die Widerrufsfrist erst nach einem Jahr und 14 Tagen abläuft.

Beispiel 3:

„Lebende Tiere sind vom Widerrufsrecht ausgeschlossen." Taucht so etwas in der Belehrung auf, ist sie ebenso unwirksam, mit der zuvor skizzierten Konsequenz.

Ausschluss des Widerrufsrechts möglich?

Tatsächlich ist es so, dass der Gesetzgeber Fälle vorgesehen hat, die kein Widerrufsrecht nach sich ziehen sollen. Die für den Koikauf erörterungswürdigste ist in § 312g Abs. 2 Nr. 1 bestimmt, die wie folgt, lautet: Das Widerrufsrecht besteht, soweit die Parteien nichts anderes vereinbart haben, nicht bei folgenden Verträgen: 1. Verträge zur Lieferung von Waren, die nicht vorgefertigt sind und für deren Herstellung eine individuelle Auswahl oder Bestimmung durch den Verbraucher maßgeblich ist oder die eindeutig auf die persönlichen Bedürfnisse des Verbrauchers zugeschnitten sind." Diese Ausnahme wird vom Handel oft in den Widerrufsbelehrungen zitiert, ist aber auf den Koikauf nach hier vertretener Auffassung nicht anwendbar.

Man könnte wegen der Formulierungen „individuelle Auswahl" oder „eindeutig auf die persönlichen Bedürfnisse zugeschnitten sind" auch Koi als davon erfasst sehen. Dies dürfte aber ausgeschlossen sein. Gemeint sind Fälle, in denen die Angaben des Verbrauchers, nach denen die Ware angefertigt wird, die Sache so individualisiert ist, dass diese für den Unternehmer im Falle ihrer Rücknahme wirtschaftlich wertlos ist, weil er sie wegen ihrer vom Verbraucher veranlassten besonderen Gestalt anderweitig nicht mehr oder allenfalls noch unter erhöhten Schwierigkeiten und mit erheblichem Preisnachlass absetzen kann. Ein Koi wird erstens nicht angefertigt; zweitens ist er im Falle der Rücknahme wirtschaftlich nicht wertlos. Das Widerrufsrecht ist also im Fernabsatz beim Koikauf wirksam nicht auszuschließen.

Der Widerruf

Die Ausübung des Widerrufs für den Verbraucher ist sehr einfach. Das Gesetz bestimmt in § 355 Abs. 1 BGB wie folgt: Der Widerruf erfolgt durch Erklärung gegenüber dem Unternehmer. Aus der Erklärung muss der Entschluss des Verbrauchers zum Widerruf des Vertrags eindeutig hervorgehen. Der Widerruf muss keine Begründung enthalten. Zur Fristwahrung genügt die rechtzeitige Absendung des Widerrufs. Das ist selbsterklärend. In Widerrufsbelehrungen finden sich oft Widerrufsformulare, die nur ausgefüllt und abgeschickt werden müssen. Wichtig ist, dass es zur Fristwahrung genügt, wenn der Widerruf noch am 14. Tag auf den Weg gebracht wird. Ein späterer Zugang des Widerrufs beim Unternehmer schadet nicht (etwa Postlaufzeiten).

Überlegungen der Veterinäre

Gesetz ist Gesetz und wir alle müssen Regeln akzeptieren, selbst wenn dies im Einzelfall schwerfallen mag. Viele unter uns werden schon von dem Widerrufsrecht profitiert haben, indem man bei Nichtgefallen einen unerwünschten Artikel unkompliziert zurücksenden konnte. Überträgt man dieses Szenario auf den gerade online erworbenen und per Express gelieferten Koi, kommen uns ganz massive Bedenken.

Zunächst sei die Gesundheit des Individuums, des gelieferten Koi betrachtet: Jeder von uns weiß, wie sehr die Fischgesundheit von einem funktionierenden Immunsystem abhängig ist und dass ein Transport mit wechselnden Wasserwerten und Eingewöhnung in ein fremdes Milieu grundsätzlich einen – wenngleich hier unvermeidlichen– Stress für einen Koi bedeutet. Zusätzlich bedeutet jeder Transport ein gewisses Risiko, können doch bei jedem Hantieren mit Koi, und sei es noch so professionell, Verletzungen auftreten. Insbesondere große und ältere Koi können transportbedingte Verletzungen davontragen. Die gestoßene Nase ist hier der harmlose Klassiker, eine in der Nähe der Schwanzwurzel abgebrochene Flosse dann schon möglicherweise nicht mehr heilbar. Die innere Blutung oder Schwimmblasenruptur wären Beispiele für fatale Transportschäden, die zwar zum Glück sehr selten auftreten, aber durchaus vorkommen können. Als Schlussfolgerung muss gelten, das Transportrisiko zum Wohle der Fische zu minimieren. Ein Kauf mit erfolgtem Widerruf und innerhalb kurzer Zeit doppelter Transport mit mehrfacher Eingewöhnung in unterschiedliche Haltungsbedingungen kann für den Koi nicht gut sein. Unabhängig davon, wie fachkundig die Versandvorbereitung und Verpackung durch den Laien für den Rücktransport geschehen könnte, dies ist unbedingt zu vermeiden.

Betrachtet man das erhöhte Krankheitsrisiko betreffend die anderen Tiere, mit denen der Koi in Kontakt kommen wird, ist die Rücknahme eines Koi durch den Händler kaum praktikabel. Man führe sich nur vor Augen, wie viel Aufwand ein seriöser Koihändler betreibt, um möglichst gesunde Fische anbieten zu können: Da werden Neuzugänge einer strikten Quarantäne unterworfen, mehrfach tierärztlich mikroskopisch auf Parasitenbefall untersucht und behandelt, stichprobenartig eine Gewebeprobe entnommen und im Labor auf das Freisein von Viruskrankheiten geprüft. Zum Abschluss des Ganzen erfolgt eine Bestandsmischung, um dennoch eventuell auftretende Unverträglichkeiten auf mikrobiologischer Ebene im Händlerbecken passieren zu lassen, zum Wohle des Fischbestands beim Kunden. All dies geschieht nach Zugang von neuen Koi, um Krankheiten zu vermeiden, und hiermit wird klar, wie aufwendig jeder Neuzugang ist. Ein Koi, der die Händleranlage verlassen hat und – sei es auch nur für einen kurzen Moment– Kontakt mit anderen Koi oder anderem Wasser hatte, ist grundsätzlich als potenziell infektiös zu betrachten und muss streng genommen o.g. Prozeduren nochmals durchlaufen. Und spätestens seit KHV muss das Thema Gesundheit im Koiteich streng genommen werden, hier hat Leichtsinn oft schon fatal geendet. Wie sollten denn nun einzelne, nach Widerruf zurückgeschickte Koi behandelt werden? Korrekt nach Empfehlung ist dies wohl kaum möglich. Alle in ein Becken nach dem Motto: „Wird schon gutgehen?" Ein seriöser Händler wird das zu vermeiden wissen. Und der wohlmeinende Verbraucher ist ja zum Glück Koiliebhaber. Ihm kann nicht daran gelegen sein, Fische durch unnötigen Transport zu stressen. Wir sind sicher, er wird alles daran setzen, dass sein gründlich selektierter, neuer Koi wohlbehütet auf kürzestem Wege schonend transportiert und fachgerecht in sein neues Zuhause integriert wird.

Zusammenfassung

Ein Fernabsatzvertrag liegt vor, wenn ein Verbraucher bei einem Händler kauft und Angebot und Annahme über Fernkommunikationsmittel erklärt werden. Der Händler hat ein auf den Fernabsatz organisiertes Vertriebssystem (z.B. Onlineshop). Der Fernabsatzvertrag löst ein Widerrufsrecht des Käufers aus. Darüber ist er vom Verkäufer wirksam schriftlich zu belehren. Es ist keine Ausnahme denkbar, die beim Fernabsatzvertrag das gesetzlich zwingend vorgeschriebene Widerrufsrecht entfallen lässt. Falsche oder fehlende Belehrungen verlängern das Widerrufsrecht des Verbrauchers längstens auf bis zu einem Jahr und 14 Tagen. Nach erfolgtem Widerruf ist der Kaufpreis zurückzuerstatten und der Koi an den Händler zurückzugeben.

Im Handel besteht die Tendenz, das Widerrufsrecht und Informationspflichten zu reduzieren oder gar zu negieren. Dies verhindert einen fairen Wettbewerb zu den Präsenzhändlern, die nicht nach Fernabsatz vertreiben. Damit gehen zwangsläufig Wettbewerbsverstöße einher, die der Sache nach abmahnfähig sind. Durch die Praxis bzw. den Versuch, Verbraucherrechte zu beschneiden, werden Käufer davon abgehalten, ihre Rechte durchzusetzen.

Wer sich aber für den Fernabsatz entscheidet, muss Verbraucherrechte respektieren und zur Verfügung stellen. Andernfalls liegt ein seriöses Geschäftsgebaren nicht vor. Wer die Vorteile des Fernabsatzes in Anspruch nimmt, muss auch akzeptieren, dass Käufer grundlos Verträge widerrufen können. Den Käufern ist im Gegenzug vorzuhalten, dass durch das Käuferverhalten diese Entwicklungen wohl gefördert worden sind. Wo keine Nachfrage, da kein Angebot. Es mag bequem sein, sich sein Haustier wie Schuhe per Express zuschicken zu lassen. Ob das dem Lebewesen als solchem gerecht wird, muss jeder selbst für sich entscheiden. Gefällt der Koi nicht, wird er zurückgegeben wie etwa nicht passende Schuhe. Was soll der Händler mit diesem Fisch anfangen? Kann der Händler diesen Fisch überhaupt weiterverkaufen, ohne darauf hinzuweisen, dass jenes Tier – wenn auch nur für kurze Zeit – bereits in einem Kundenteich geschwommen ist? Wer ausschließlich anhand eines Bildes, bestenfalls einer kurzen Videosequenz kauft, braucht sich nicht zu wundern, wenn seine damit einhergehende Erwartungshaltung spätestens beim Auspacken gedämpft oder gar enttäuscht wird. Sowohl Verkäufer wie auch Käufer möchten bedenken, dass der japanische Züchter in das Ergebnis seines Tuns harte Arbeit, viel Mühe, Zeit, Geld und vor allem Leidenschaft und Hingabe hineingesteckt hat. Wie sonst könnten so atemberaubend schöne Fische überhaupt existieren. Der Beitrag will weder Handel noch Käufer verteufeln – das schiere Gegenteil ist der Fall. Er soll helfen, den absolut notwendigen fairen und transparenten Umgang der Beteiligten untereinander zu fördern und zu stärken, letztlich ausschließlich im Interesse des Lebewesens Koi.

Die Online-Auktion

Koi-Kauf immer noch Vertrauenssache?

Wie ist ein Kauf über eine Auktionsplattform rechtlich einzuordnen, mit welchen Rechten ist der Käufer bei dieser Vertriebsform ausgestattet und welches sind die Pflichten des Verkäufers.

Die Teilnahme an Auktionen im Internet erfreut sich weltweit einer ständig wachsenden Beliebtheit. Laut GfK-WebScope hat der Umsatz im B2C-Onlinehandel seit dem Jahr 2008 zweistellige jährliche Zuwachsraten zu verzeichnen. Die Verbraucher in Deutschland haben im vergangenen Jahr Waren und Dienstleistungen für mehr als 20 Milliarden Euro bezogen. Ein wachsender Anteil wurde über Internetauktionen abgewickelt.

Diesem wirtschaftlichen Trend folgend gehen immer mehr Koihändler dazu über, Fische in

Auktionen anzubieten. Die wohl bedeutendste Auktionsplattform „ebay" verbietet in ihren Grundsätzen – auch aus ethischen Gründen – lebende Tiere als Auktionsobjekt anzubieten. Deshalb sind diejenigen Koihändler, die Fische in Auktionen anbieten wollen gezwungen, dies auf einer eigenen Plattform einzurichten, was auch durchweg so praktiziert wird. Nachfolgend soll ein Versuch unternommen werden, die rechtlich zwingenden Rahmenbedingungen dieser Vertriebsform darzustellen und die damit einhergehenden Verbraucherschutzrechte näherzubringen. Tiermedizinische Erläuterungen ergänzen den Beitrag.

Versteigerung oder Kauf gegen Höchstgebot?

Hauptzweck einer Online-Auktion ist die Herbeiführung eines Vertrags über das Internet. Der Begriff „Auktion" legt nahe, es handle sich dabei um eine Versteigerung im herkömmlichen Sinne, die lediglich über das Internet abgehalten wird. Das BGB (Bürgerliches Gesetzbuch) kennt in § 156 BGB die Versteigerung. Im Gegensatz zu § 156 BGB kommt der Vertragsschluss bei Online-Auktionen aber nicht durch den Zuschlag des Auktionators, sondern unmittelbar durch das Höchstgebot des Meistbietenden innerhalb der Bieterfrist (zeitlicher Ablauf der Online-Auktion) zustande. Dies hat der Bundesgerichtshof schon im Jahr 2004 entschieden (Urteil vom 03.11.2004; AZ VIII ZR 375/03). Dieser Grundsatz gilt jedenfalls für die klassische Vorwärts-Auktion, die durch Zeitablauf endet. Soweit ersichtlich, werden Koi auch nur in dieser Variante auktioniert.

Im Ergebnis ist also die „Online-Auktion" rechtlich gesehen keine Versteigerung im Sinne des § 156 BGB, sondern ein Kauf gegen Höchstgebot. Wie im Folgenden zu zeigen sein wird, ist diese Unterscheidung bzw. Klarstellung deshalb von Bedeutung, weil sich daraus erheblich andere Konsequenzen für den Verkäufer und den Käufer ergeben.

Online-Auktion als Verbrauchsgüterkaufvertrag und Fernabsatzvertrag

Nachdem es sich bei Online-Auktionen der Sache nach um Kaufverträge gegen Höchstgebot handelt, ist damit einhergehend festzustellen, dass dass solche Kaufverträge in der Regel zugleich Verbrauchsgüterkaufverträge sind. Zugleich liegt immer ein Fernabsatzvertrag vor. Der Vertragsschluss findet unter ausschließlicher Verwendung von Fernkommunikationsmitteln statt und der Verkäufer stellt ein für den Fernabsatz organisiertes Vertriebssystem – nämlich die Auktionsplattform bereit (§312c BGB und zum Fernabsatzvertrag KLAN 1/2017).

Online-Auktion und Widerrufsrecht

Nachdem festgestellt worden ist, dass Vertragsabschlüsse in Online-Auktionen dem Fernabsatzrecht unterliegen, ergibt sich daraus für den Verbraucher ein Widerrufsrecht, über welches der Verkäufer in gleicher Weise zu belehren hat wie beim herkömmlichen Fernabsatzvertrag.

Nicht jeder Vertrag, der im Fernabsatz geschlossen wird, unterliegt einem Recht des Verbrauchers zu widerrufen. Der Ausnahmenkatalog findet sich in § 312g Abs. 2 BGB und umfasst insgesamt 13 Ziffern. Teilweise werden von den Ausnahmen bestimmte Produkte oder Dienstleistungen ausgeschlossen, teilweise beziehen sich die Ausnahmen auf die Art und Weise des Vertragsschlusses. Im Rahmen dieses Beitrags dürfte nur von Interesse sein, ob für Koi im Speziellen bei der Vertriebsform Auktion eine Ausnahme besteht. §312g Abs. 2 Nr. 10 BGB bestimmt, dass bei Verträgen, „die im Rahmen einer Vermarktungsform geschlossen werden, bei der der Unternehmer Verbrauchern, die persönlich anwesend sind oder denen diese Möglichkeit gewährt wird, Waren oder Dienstleistungen anbietet, und zwar in einem vom Versteigerer durchgeführten, auf konkurrierenden Geboten basierenden transparenten Verfahren, bei dem der Bieter, der den Zuschlag erhalten hat, zum Erwerb der Waren oder Dienstleistungen verpflichtet ist (öffentlich zugängliche Versteigerung)", ein Widerrufsrecht nicht besteht.

Wie aber zuvor festgestellt wurde, ist die Online-Auktion gerade keine Versteigerung im Sinne dieser Vorschrift, sondern ein Verkauf gegen Höchstgebot. Im Ergebnis besteht also beim Verkauf von Koi im Rahmen von Online-Auktionen ein gesetzliches Widerrufsrecht des Verbrauchers.

Informationspflichten des Verkäufers

Den Verkäufer von Produkten und Dienstleistungen im Rahmen des elektronischen Geschäftsverkehrs, um den es ja hier geht, trifft von Gesetzes wegen eine Vielzahl von Informationspflichten. Der Gesetzgeber hat diese Pflichten sehr kompliziert geregelt und sich dabei nicht gerade mit Ruhm bekleckert. Eine Aufzählung aller Informationspflichten würde den Rahmen dieses Beitrags sprengen. Für Interessierte sind diese nachzulesen in § 312d BGB iVm. Art. 246a EGBGB sowie in § 312i BGB und § 312j BGB iVm. Art. 246c EGBGB.

Zu den wichtigsten Informationspflichten zählen wohl neben der Identität des Verkäufers, Informationen zur Ware, zu Lieferbedingungen und Kosten und auch die Aufklärung darüber, dass gesetzliche Gewährleistungsrechte bestehen sowie ein Widerrufsrecht.

Aufgrund der Besonderheiten im elektronischen Rechtsverkehr hat der Unternehmer auch genau über die einzelnen technischen Schritte, die zum Vertragsschluss führen, zu belehren sowie darüber, wie gegebenenfalls Eingabefehler korrigiert werden können. Außerdem muss der Verkäufer Verhaltensregeln bekanntgeben, denen er sich unterwirft.

Der Zweck dieser Informationsverpflichtung liegt auf der Hand. Der Kunde bzw. Verbraucher soll vor Vertragsabschluss genau wissen, auf was er sich einlässt, sowohl über das Wie des Vertragsabschlusses als auch über dessen Inhalt.

Der Verkäufer hat als Unternehmer die Beweislast dafür, dass er über alles Erforderliche in der gehörigen Form informiert hat (§ 312k Abs. 2 BGB). Verletzt er seine diesbezüglichen Verpflichtungen, knüpfen sich daran Schadensersatzrechte.

Auswirkungen auf die „Koi-Auktion"

Die vorstehenden Informationsverpflichtungen werden in der Praxis bei Koi-Auktionen zum Teil in erheblichem Umfang nicht oder unzureichend erfüllt. Insbesondere fehlen in der Praxis teilweise Hinweise auf Gewährleistungsrechte des Verbrauchers und auf das gesetzliche Widerrufsrecht. Aber auch die technischen Schritte, die zum Vertragsschluss führen, sind unzureichend oder gar nicht erläutert.

Im Detail fehlen Angaben darüber, wer zum Kreis der Bieter gehört und welche Zugangskriterien aufgestellt werden. Sind die Bieter eindeutig als Personen identifiziert? Es fehlen Angaben dazu, unter welchen Bedingungen der Verkäufer seine Auktion abbrechen oder der Käufer sein Gebot zurückziehen darf. Ebenso fehlen Hinweise dazu, was geschieht, wenn die Auktion vor Zeitablauf endet. Es fehlen Hinweise dazu, ob ein Gebot eines Bieters rechtlich bereits bindend ist oder noch zugelassen werden muss. Auch ist oft unklar, ob das Angebot des Verkäufers bereits rechtlich bindend sein soll. Daraus ergeben sich gravierende Folgen: Kann der Käufer bei Auktionsende tatsächlich den ersteigerten Koi vom Verkäufer verlangen? Muss der Käufer den Koi tatsächlich abnehmen? Was passiert, wenn der zunächst Höchstbietende sein Gebot zurückzieht?

An diesen Beispielfragen wird ersichtlich, wie wichtig die Informationsverpflichtungen des Verkäufers sind.

Vergleiche zur Internetauktionsplattform „ebay"

Die Auktionsplattform ebay stellt ihren Nutzern eigene AGB zur Verfügung. Insbesondere in § 6 der ebay-AGB sind die Bedingungen, wie es zum Vertragsschluss kommen soll, genau beschrieben und juristisch vorbildlich geregelt. Solche klaren Regelungen fehlen weitgehend bei den privaten Koi-Auktionen. Außerdem stellt ebay sicher, dass erstens nur tatsächlich existierende Personen in den Kreis der Teilnehmer aufgenommen werden und zweitens Scheingeboten entsprechend entgegengewirkt wird. Zudem überwacht ebay die ordentliche Abwicklung eines geschlossenen Vertrags. Solche Instrumentarien sind bei privaten Koi-Auktionen nicht sichergestellt bzw. transparent gemacht worden. Ebay nimmt bei Auktionen eine neutrale Rolle ein, ist also weder mit dem Verkäufer noch dem Käufer identisch.

Zusammenfassung und Kritik

Private Koi-Auktionen sind Kaufverträge, die dem Fernabsatz unterliegen und insbesondere für den Verbraucher ein Widerrufsrecht auslösen. Neben den allgemeinen Informationspflichten des Verkäufers ergeben sich aufgrund der Besonderheit der gewählten Vertriebsform zusätzliche Informationspflichten für den Anbieter, um den Kaufvorgang für den Verbraucher transparent und nachvollziehbar zu gestalten. Es bestehen erhebliche Unterschiede zu herkömmlichen Auktionsplattformen. Die Vermarktung von Koi über private Auktionen unterliegt denselben Regeln wie Fernabsatzverträge mit zuvor feststehenden Preisen. Im Gegensatz zu ebay vereinen sich Anbieter und Auktionator in einer Person. Diese Tatsache macht es nahezu unmöglich, das gebotene Vertrauen in punkto Fairness und Transparenz nachvollziehbar herzustellen. Solange der Anbieter selbst den Kreis der Bieter festlegen und den technischen Ablauf der Auktion kraft seiner Stellung als Auktionator selbst steuern kann, sind die Bieter darauf beschränkt zu glauben, dass keine Scheingebote abgegeben werden, um den Gebotspreis künstlich zu erhöhen und zu hoffen, dass der Anbieter als Auktionator Gebote nicht grundlos herausnimmt oder Auktionen vorzeitig abbricht.

Die fehlende Transparenz wird oft durch völlig unzureichende Informationen der Anbieter erhöht. Hinweise auf Widerrufs- und Gewährleistungsrechte fehlen zum Teil gänzlich, was Verbraucher davon abhält, gegebenenfalls von solchen Rechten Gebrauch zu machen.

Bei objektiver Betrachtung der Vermarktungsform Auktion verfolgt diese nur einen Zweck. Es geht darum, den maximalen Preis für ein Produkt – hier dem Koi – auf dem Markt zu erzielen. Verbrauchern wird dabei suggeriert, im Einzelfall ein Schnäppchen machen zu können, was diese überhaupt dazu veranlassen dürfte, mitzubieten. Gilt dann im vermeintlichen Erfolgsfall wirklich: Drei-Zwei-Eins – Meins? Welchen Sinn macht die ganze Auktion noch für den Händler, wenn der Verbraucher – nach Erhalt der Ware – grundlos widerrufen kann, bzw. für den Kreis der Bieter? Nicht ohne Grund hat ebay als der Marktführer von Auktionsplattformen den Verkauf von lebenden Tieren im Rahmen seines Regelwerks ausgeschlossen.

Mitimport und Azukari – wirklich ein Schnäppchen?

Im dritten Teil der Beitragsreihe gehen der Autor den Fragen nach, wie die Rahmenbedingen des sogenannten Mitimports sind, welche Risiken bei sogenannten Azukari-Koi bestehen und wie es um den Kauf von Koi steht, die der Händler direkt aus Japan vom Züchter anbietet und vom Kunden gekauft werden. Auch aus tiermedizinischer Sicht wird dieses Thema eingehend beleuchtet werden.

Der Mitimport

Bekanntermaßen werden Koi mit Luftfracht importiert. Die Fische sind in Plastikbeuteln mit etwa einem Drittel Wasser verpackt. Der Rest des Beutels ist mit reinem Sauerstoff gefüllt. Der Plastikbeutel wiederrum ist in einem Karton verpackt. Eine solche Verpackungseinheit wird allgemein als Box bezeichnet, wobei in einer solchen Box, abhängig von der Fischgröße von einem bis zu 100 Fische enthalten sein können.

In der beschriebenen Weise importieren Händler Koi. Gegenstand des Mitimports sind also jeweils einzelne Boxen. Soweit der Mitimport von Händlern angeboten wird, geht es selten um einzelne Fische, die als Einzeltiere in einer Box importiert werden. Überwiegend bezieht sich der Mitimport auf Boxen, in denen viele Tosai oder einige Nissai enthalten sind. Dabei ist es in vielen Fällen so, dass nicht einzeln ausgesuchte Fische in die Box gepackt werden. Meistens ist es so, dass der Züchter z.B. einen Tosai-Mix anbietet, dieser dann die tatsächlich zur Versendung bestimmten Fische selbst auswählt und packt, ohne dass der Händler oder Mitimporteuer an der Auswahl ein Mitbestimmungsrecht hat.

Der Verbraucher oder Endkunde bestellt beim Händler also eine Box mit Koi, wobei der Händler in aller Regel nur das Angebot des Züchters oder des Agenten aus Japan seinem privaten Kunden weitergibt. Selten bezieht sich ein solches Angebot auf einzelne, bestimmte Fische. In den allermeisten Fällen sind nur die Anzahl, die ungefähre Größe und die Varietät(en) bestimmt.

Am Tag des Imports soll der Endkunde dann – teilweise noch direkt am Flughafen – seine Boxen in Empfang nehmen. Der Händler kümmert sich, der Abrede gemäß, nicht weiter um die mitimportieren Fische.

Der vermeintliche Vorteil für den Kunden, der im Wege des Mitimports kauft, liegt darin, dass die Koi zu wesentlich geringeren Preisen angeboten werden. Dafür trägt der Kunde dann im Gegenzug das gesamte Risiko des Transports einschließlich der Quarantäne. Der Kunde ist dann so gestellt, als sei er gewerblicher Händler.

Rechtlicher Rahmen

Der hier dargestellte Mitimport beleuchtet nur den Mitimport eines privaten Endkunden, als das Business to Consumer Geschäft. In dieser Konstellation ist der Mitimport – rechtlich gesehen – nichts anderes als ein Verbrauchsgüterkauf. Darüber hinaus ist der Mitimport stets ein Fernabsatzvertrag, denn der Kunde kauft ja Koi, die sich noch in Japan befinden. In aller Regel werden von den Händlern, die Mitimport anbieten, Boxenbilder im Internet eingestellt, anhand derer sich der Kunde dann zum Kauf entschließt.

Die Einkaufsbedingungen der Händler beim Züchter oder bei der japanischen Exportagentur sehen in aller Regel vor, dass der Händler vollständig auf Risiko importiert. Dies bedeutet, dass noch nicht einmal die lebende Ankunft der Fische garantiert wird, sodass der Händler eine gewisse Verlustquote selbst zu tragen hat. In qualitativer Hinsicht ist der Händler als Importeur gegenüber seinem Lieferanten ebenfalls rechtlos gestellt. Sind die Fische also in schlechter Verfassung, krank, beschädigt, KHV- oder CEV-infiziert, zu klein, mit Missbildungen versehen oder ist die Zusammensetzung der Varietäten abweichend, steht der Händler ebenfalls einer solchen Lieferung in aller Regel rechtlos gegenüber. Der Mitimport anbietende Händler gibt diese Einkaufsbedingungen (z.B. durch Allgemeine Geschäftsbedingungen) an den Endkunden weiter, was sich im geringen Preis der Fische widerspiegelt.

Weil aber der Mitimport kraft Definition ein Verbrauchsgüterkauf ist, stehen dem Käufer die vollen Gewährleistungsrechte zu, die zum Nachteil des Kunden auch nicht durch AGB (das Kleingedruckte) abbedungen werden können (§ 475 Abs. 1 und Abs. 2 BGB). Soweit also der Händler in nachvollziehbarer Weise die Gewährleistungsrechte in seinen AGB beschneidet oder ausschließt, ist dies schlicht und ergreifend rechtlich unwirksam. Welche Gewährleistungsrechte dem Endkunden im Einzelnen zustehen, ist Gegenstand des letzten Beitrags dieser Reihe.

Rechtlich völlig ohne Bedeutung und damit unwirksam sind auch Bestimmungen des Händlers, die den Endkunden nach dem Mitimport zu einer eigenverantwortlichen Quarantäne verpflichten sollen oder KHV-Untersuchungen vorschreiben. Ein Verstoß gegen solche auferlegten Verpflichtungen ist folgenlos.

Weil der hier beschriebene Mitimport zugleich ein Fernabsatzvertrag ist, steht dem Kunden – neben den zwingenden gesetzlichen Gewährleistungsrechten – auch das Recht zu, den Vertrag zu widerrufen. Das Widerrufsrecht gilt auch hier uneingeschränkt. Insbesondere beginnt die Frist zum Widerruf erst nach Erhalt der Ware.

Für den Import von Tieren in die Europäische Union gilt eine Vielzahl von Vorschriften. Diese treffen den Importeuer, sprich den Händler. All diese Vorschriften dienen der Tiergesundheit und dem Seuchenschutz. Von besonderer Bedeutung ist die BmTierSSchV (Verordnung über das innergemeinschaftliche Verbringen sowie die Einfuhr und Durchfuhr von Tieren und Waren). § 32 Abs. 1 dieser Verordnung schreibt vor, dass die Fische unmittelbar nur an ihren Bestimmungsort verbracht werden dürfen. Das ist der Sitz des Importeurs. Während des Transports sind die Begleitpapiere mitzuführen. Dies schließt also die Übergabe der Koi direkt am Flughafen im Fall des Mitimports aus. Der Autor hat ausdrücklich beim Bundesministerium für Ernährung und Landwirtschaft angefragt, ob die unmittelbare Weitergabe der Koi, nachdem sie am Bestimmungsort angekommen sind, zulässig ist. Die Antwort steht zum heutigen Zeitpunkt noch aus.

Zwar schreibt die BmTierSSchV grundsätzlich keine Quarantäne vor, der Amtsveterinär kann aber im Einzelfall eine solche anordnen. Dann wäre diese durch den Importeur durchzuführen. §14 Tiergesundheitsgesetz gibt dem Gesetzgeber die Möglichkeit, unter anderem auch eine generelle Quarantäneverpflichtung durch Rechtsverordnung zu bestimmen. Hiervon hat der Gesetzgeber – jedenfalls bislang – noch keinen Gebrauch gemacht. Angesichts der KHV-Problematik wäre dies aber längst angezeigt und wird auch diskutiert.

Soweit der Mitimporteuer als Verbraucher beabsichtigt, einen Teil seiner Fische weiterzuverkaufen (welcher Privatkunde braucht schon boxenweise Fische), läuft dieser Gefahr, als gewerblich Handelnder angesehen zu werden. Dann allerdings verstößt der Verbraucher gleich gegen eine ganze Reihe von Gesetzen, die eigentlich von allen Händlern einzuhalten sind. Bußgelder in beträchtlicher Höhe drohen.

Kritik

Der Mitimport ist de facto inakzeptabel. Dem Verbraucher Händlerbedingungen wegen eines vermeintlichen Schnäppchens aufzuzwingen, funktioniert aus rechtlichen Gründen nicht. Der Versuch, Risiken wegen ein paar Euro abzuwälzen ist moralisch verwerflich. Im Sinne einer wirksamen Tierseuchenprävention ist auf die wertvolle Arbeit der seriös arbeitenden Händler nicht zu verzichten. Sie sind es, die sachkundig und obendrein erfahren sind, um vom Transport völlig erschöpfte Koi aufzupäppeln und verkehrsfähig zu machen. Dafür ist aus tiermedizinischer Sicht eine sorgfältige Quarantäne von mindestens zwei Monaten, besser sechs Monaten erforderlich. Das ist aufwendig und teuer. Dies rechtfertigt aber, die oben aufgezeigten Risiken der Händler beim Import mit einbezogen, unbedingt einen angemessenen Preis. Dafür kann der Koiliebhaber aber auch erwarten, gesunde, vitale und gut eingewöhnte Fische beim Händler seines Vertrauens zu bekommen. Wer einmal die Ankunft von Koi nach teilweise über 40 Transportstunden miterlebt hat, dem wird schnell klar, dass die Eingewöhnung und die faktisch notwendige Quarantäne nur durch professionelles und sachkundiges Arbeiten gelingt.

Azukari

Das japanische Wort „Azukari" bedeutet „aufbewahren" oder „sich um etwas kümmern". In Verbindung mit Koi ist damit gemeint, dass ein bereits verkaufter Koi noch ein oder mehrere Jahre beim Züchter in Japan verbleibt, um den Koi dort weiterwachsen zu lassen und hoffentlich besser werden zu lassen. Dafür ist an den japanischen Züchter ein Entgelt, eine sogenannte „Pondcharge" zu bezahlen. Verbreitet ist ein solcher weiterer Aufenthalt gegen zusätzliches Entgelt zwischen Handel und Züchter. Vereinzelt, besonders bei hochwertigen und damit teuren Fischen, wird Azukari auch dem Verbraucher, sprich dem Endkunden durch bzw. über den Händler angeboten.

Der japanische Züchter übernimmt bei Azukari keinerlei Risiko. Verendet also ein Koi während des weiteren Aufenthalts, wird dieser krank oder geht verloren, bleibt dieses Risiko beim Eigentümer.

Rechtlicher Rahmen

Ein Koi, der vom Verbraucher beim Händler gekauft wird, aber in Japan verbleibt, unterliegt dem Verbrauchsgüterkauf und auch den fernabsatzrechtlichen Grundsätzen. Insoweit kann auf das Vorstehende verwiesen werden.

Dem Endkunden kann als Verbraucher das Risiko des „Azukari" nicht wirksam durch Vertragsbestimmungen (AGB) auferlegt werden. Dagegen stehen zwingende Verbraucherschutz- und Gewährleistungsrechte. Dem widersprechende Vertragsbedingungen sind rechtlich ohne Wirkung. Der Verbraucher hat also auch beim Azukari-Koi Anspruch auf vertragsgemäße Erfüllung, sprich Übergabe des bereits gekauften Koi, und zwar in mangelfreier Weise. Darauf sei deshalb besonders hingewiesen, weil „Azukari" in der Regel relativ hochwertige Fische betrifft.

Kauf von direkt aus Japan angebotenen Koi

Nicht selten kommt es vor, dass Händler, die in Japan auf Einkaufsreise sind, ihren Kunden direkt während der Reise via Smartphone oder E-Mail einzelne Fische zum Kauf anbieten, die sie beim Züchter gesehen haben. Oft genug wurde der Händler von seinem Kunden vor Antritt der Reise sogar mit einem konkreten Beschaffungsauftrag ausgestattet. Der Kunde entscheidet dann anhand eines Bildes oder einer kurzen Videosequenz, ob er einen bestimmten Koi haben will. Der Händler importiert diesen Fisch dann auftragsgemäß, wobei dieser in aller Regel vor dem Import vom Kunden zu bezahlen ist, um eine entsprechende Abnahmeverpflichtung herbeizuführen. Regelmäßig wird diese Art von Koikauf bei relativ hochwertigen Koi praktiziert.

Rechtlicher Rahmen

Rechtlich ist ein auf diese Weise geschlossener Kaufvertrag ohne Weiteres wirksam. Auch gegen die Tatsache, dass der Kunde vorab zu bezahlen hat, ist rechtlich nichts einzuwenden. Allerdings wird aufgrund des ganz konkreten Kaufwunsches übersehen, dass es sich auch hierbei um ein Verbrauchergeschäft handelt, das in Form des Fernabsatzvertrags geschlossen worden ist. Damit kann dem Kunden weder wirksam ein Transportrisiko aufgebürdet werden, noch de facto ein Abnahmerisiko, denn der Verbraucher kann binnen 14 Tagen den Vertrag grundlos wirksam widerrufen, wobei diese Frist erst mit dem Tag der Übergabe des Koi an den Kunden zu laufen beginnt. Die entgegenstehenden vertraglichen Abreden sind also unwirksam.

Kritik

Prinzipiell ist gegen Azukari und Direktkauf vom Händler in Japan nichts einzuwenden. Für den Endkunden sind beide Formen unproblematisch und im Einzelfall sicher vorteilhaft. Zu kritisieren ist lediglich, dass vielfach Vertragsgestaltungen angetroffen werden, die ein Risiko des Käufers suggerieren. Dies ist insofern bedauerlich, als dass manch unkundiger Käufer solche Vertragsbedingungen für wirksam erachtet und deshalb davon abgehalten wird, im Einzelfall von seinen tatsächlichen Verbraucherrechten Gebrauch zu machen.

Gewährleistung und Garantie

Im letzten Teil geht es um die Frage, was Gewährleistung und Garantie bedeuten, und welche Rechte und Pflichten sich im Gewährleistungsfall oder Garantiefall für die Beteiligten ergeben. In diesem Zusammenhang muss auch das Recht der Allgemeinen Geschäftsbedingungen (AGB) beleuchtet und bewertet werden.

Gewährleistung

Weil das Gesetz Tiere wie Sachen behandelt (§ 90a BGB), finden auf den Koikauf dieselben Regeln Anwendung wie bei allen anderen Gütern, die Gegenstand eines Kaufvertrags sein können.

Grundsätzlich schuldet der Verkäufer die Übergabe einer Kaufsache und damit eines Koi mangelfrei. Umgekehrt bedeutet dies, dass die Übergabe eines mangelhaften Koi eine Pflichtverletzung des Verkäufers darstellt und sich deshalb für den Käufer Gewährleistungsrechte ergeben. Den Sachmangel definiert das Gesetz in § 434 BGB. Der Koi ist also dann mangelfrei, wenn er bei Gefahrübergang die vereinbarte Beschaffenheit besitzt. Diese, scheinbar einfache Grundregel bedarf der Erläuterung. Gefahrübergang bedeutet beim Präsenzgeschäft den Moment, in welchem der Händler dem Kunden den Koi übergibt. Soweit der Koi durch den Händler versendet wird, ist der Moment des Gefahrübergangs derjenige, an dem der Spediteur oder Frachtführer den Koi beim Käufer abgibt (§ 447 Abs. 1 iVm. § 474 Abs. 4 BGB). Dies bedeutet zunächst, dass es für die Frage, ob ein Mangel vorliegt, nur auf den Zeitpunkt des Gefahrübergangs ankommt. In dieser gedachten Sekunde muss der Koi die vereinbarte Beschaffenheit besitzen. Fällt beispielsweise der Koi fünf Minuten später tot um, liegt zunächst kein Gewährleistungsfall vor.

Ob der Koi die vereinbarte Beschaffenheit aufweist, hängt in erster Linie davon ab, was die Parteien miteinander vereinbart haben. Vereinbarungen finden sich im Kaufvertrag selbst, aber auch in AGB oder in den Werbeaussagen des Verkäufers (§ 434 Satz 2 BGB). Haben die Parteien zur Beschaffenheit keine besonderen Vereinbarungen getroffen, schuldet der Verkäufer das Übliche bzw. das, was der Käufer durchschnittlich erwarten kann (§ 434 Satz 1 Nr. 2 BGB). Beispiele für Beschaffenheitsvereinbarungen sind, das Alter (Tosai, Nisai, Sansai usw.), die Größe, die Varietät, Angaben zum Züchter oder gar zu einer bestimmten Blutlinie, zur Herkunft (Japan, Europa, Israel usw.) oder zum Geschlecht. Auch Angaben zum Gesundheitsstatus oder zur zukünftigen Entwicklung können darunter fallen. Beispiele wären Parasitenfreiheit, klinisch gesund, CEV- oder KHV-frei ebenso wie Angaben, dass der Koi in zwei oder drei Jahren mindestens 70 oder 80 Zentimeter erreichen wird. Wird solche Zusicherung oder Beschaffenheit vereinbart, sind sie auch vom Verkäufer geschuldet. Weicht also das Vereinbarte oder die durchschnittlich zu erwartende Qualität vom Tatsächlichen ab, liegt ein Mangel vor. Ein Mangel ist also die Abweichung von der Ist- zur Sollbeschaffenheit.

Gewährleistungsrechte

Liegt nun also ein Mangel bei Gefahrübergang vor, ergeben sich für Verkäufer und Käufer Pflichten und Rechte. Zunächst kann der Käufer Nacherfüllung verlangen. Erst, wenn das scheitert, kann er den Kaufpreis mindern, oder vom Kaufvertrag zurücktreten. Bei Verschulden des Verkäufers kann der Käufer Schadensersatz fordern (§ 437 BGB).

Das vorgeschaltete Gewährleistungsrecht ist die Nacherfüllung (§ 439 BGB). Dies gliedert sich nach Wahl des Käufers in Nachbesserung oder Neulieferung auf. Unter Nachbesserung kann denknotwendig nur ein solcher Mangel fallen, der tiermedizinisch behebbar ist. Das dürfte die Ausnahme bleiben. Der Regelfall dürfte daher die Neu- oder Ersatzlieferung sein; sprich, der Verkäufer tauscht den Koi gegen einen gleichwertigen aus. Die Ersatzlieferung kommt dabei wiederum nur infrage, soweit nach dem Willen der Vertragsparteien der Koi „austauschbar" sein soll. Beim Kauf eines nach Besichtigung ausgewählten Tieres kommt die vor Vertragsschluss begründete emotionale Beziehung zwischen dem Tier und dem Käufer als Besonderheit hinzu. Aus diesem Grund wird beim Koikauf die einseitige Austauschbarkeit durch den Verkäufer im Gewährleistungsfall in der Regel nicht dem übereinstimmenden Parteiwillen bei Vertragsschluss entsprechen. Liegt der Fall so, kann der Käufer sogleich nach seiner Wahl den Kaufpreis mindern oder aber vom Vertrag zurücktreten. Beides muss gegenüber dem Verkäufer erklärt werden.

Daneben kann der Käufer, soweit dem Verkäufer mit Blick auf den jeweiligen Mangel ein Verschulden vorzuwerfen ist, Schadensersatz fordern. Praktisch bedeutsam dürfte dies für den Fall sein, dass durch den gekauften, mangelhaften Koi weitere Schäden auftreten, z. B. durch Infektion des Altbestandes. Wie gesagt, setzt ein solcher Anspruch ein Verschulden des Verkäufers voraus. Verschulden definiert das Gesetz in § 276 BGB und meint Vorsatz oder Fahrlässigkeit. Vorsatz wiederrum ist ein Handeln, das durch Wissen und Wollen getragen ist. Dies sollte selbsterklärend sein. Fahrlässigkeit liegt vor, wenn der Verkäufer die im Verkehr erforderliche Sorgfalt außer Acht lässt. Welche Sorgfaltspflichten treffen also den Verkäufer, um dem Fahrlässigkeitsvorwurf zu entgehen? Nach der hier vertretenen Auffassung hat der Verkäufer zunächst eine ordnungsgemäße und ausreichend lang andauernde Quarantäne durchzuführen. Unbedingt erforderlich sind Tests auf CEV und KHV, und zwar jeweils mindestens zwei. Darüber hinaus sollte der Bestand des Händlers tierärztlich betreut sein. Regelmäßig sollte eine Überprüfung auf Parasiten und bakterielle Probleme erfolgen. Hygiene und erstklassige Wasserqualität in den Becken sollte eine Selbstverständlichkeit sein. Zwar sind all die hier aufgezählten Pflichten mitnichten durch ein Gesetz oder eine Verordnung vorgeschrieben. Tritt aber beim Käufer eine Krankheit oder Infektion auf, so sollte sich der Händler gegen das vom Gesetz zu seinen

Lasten vermutete Verschulden zur Wehr setzen können, andernfalls ist er zum Schadensersatz verpflichtet, was im Einzelfall sehr teuer werden kann. Den Verschuldensvorwurf kann der Händler aber nach der hier vertretenen Auffassung nur dann entkräften, wenn er nach dem Stand der Dinge alles getan hat, um gesunde Koi zu verkaufen bzw. kranke Koi bei sich auszusortieren.

Die Gewährleistungsfrist

Die Gewährleistungsfrist beträgt zwei Jahre (§ 438 Abs. 1 Nr. 3 BGB). Das Gesetz gibt dem Verkäufer die Möglichkeit, bei gebrauchten Sachen die Gewährleistungsfrist auf ein Jahr durch Vereinbarung zu verkürzen (§ 475 Abs. 2 BGB). Daran knüpft sich die Frage, ob ein Koi eine gebrauchte Sache im Sinne des Gesetzes sein kann. Höchstrichterlich ist das nicht entschieden. Bis zum Abschluss der Aufzucht ist ein Tier grundsätzlich neu. Dies ergibt sich aus der Gesetzesbegründung selbst (BT-Dr. 14/6040, Seite 245). Im Übrigen ist von der bestimmungsgemäßen Verwendung nach Abschluss der Aufzucht auszugehen. Ebenso dürfe die Verkehrsanschauung der beteiligten Kreise maßgeblich sein. Nach der hier vertretenen Auffassung ist ein Koi so lange „neu", bis er erstmals die Handelskette verlassen hat und in nicht gewerbliche Hände gelangt. Damit dürfte eine Verkürzung der Gewährleistungsfrist auf ein Jahr durch Vereinbarung nicht möglich sein.

Danach hat also der Käufer insgesamt zwei Jahre Zeit, seine Gewährleistungsrechte beim Verkäufer geltend zu machen. Nun wird sich manch einer fragen, wie ein Käufer beispielsweise nach vier Monaten nachweisen können soll, dass der Koi bei Gefahrübergang mangelhaft war, denn nur zu diesem Zeitpunkt ist ein Gewährleistungsfall denkbar. Das Gesetz hilft dem Käufer insoweit, als dass zu Lasten des Verkäufers vermutet wird, dass der Mangel bei Gefahrübergang vorgelegen hat, wenn er sich innerhalb von sechs Monaten nach Gefahrübergang zeigt (§ 476 BGB). Diese Beweislastumkehr gilt auch grundsätzlich beim Tierkauf (BGHZ 167, 40). Der Käufer muss in diesem Fall nur noch den Mangel nachweisen. Nach sechs Monaten muss der Käufer auch noch nachweisen, dass der Mangel bei Gefahrübergang vorgelegen hat. Die Vermutungswirkung heißt aber auch, dass sich der Verkäufer „entlasten" kann, wenn ihm der Nachweis gelingt, dass er einen – entgegen der Behauptung des Käufers – mangelfreien Koi übergeben hat.

§ 476 BGB macht von der Beweislastumkehr zu Lasten des Verkäufers eine Ausnahme, und zwar für den Fall, dass die Vermutung mit der Art der Sache oder der Art des Mangels unvereinbar ist. Höchstrichterlich entschieden ist, dass eine Ausnahme nicht schon dann gegeben ist, wenn der Mangel auch nicht durch eine tierärztliche Untersuchung hätte erkannt werden können oder ein Mangel vorliegt, der typischerweise jederzeit auftreten kann (BGH NJW 2007, 2619). Ein Ausschluss der Vermutungswirkung kommt daher im Wesentlichen nur bei äußeren Verletzungen sowie bei Infektionskrankheiten in Betracht, wobei bei Infektionskrankheiten auf die Inkubationszeit abgestellt wird. Zugegebenermaßen ist dies insbesondere bei KHV und CEV letztendlich schwierig zu beurteilen. Entschiedene Fälle sind den Autoren nicht bekannt.

Vertragsgestaltung durch AGB

Wie überall finden sich auch im Koihandel zahlreiche Allgemeine Geschäftsbedingungen. Soweit die AGB des Händlers also Vertragsbestandteil geworden sind – was im Einzelfall durch juristisch Sachkundige zu prüfen ist – stellt sich die Frage, ob jede Klausel darin auch wirksam, sprich rechtlich beachtlich ist. Das ist aber erschreckend oft gerade nicht der Fall. Wer die weitreichenden Rechte des Käufers wie oben dargestellt kennt, dem wird schnell klar, dass Koihändler diese „Unannehmlichkeiten" gerne anders und damit zu ihren Gunsten geregelt hätten. Dies wird in der Praxis auch verbreitet versucht. Nachfolgende Formulierungen finden sich so oder so ähnlich noch in vielen Händler-AGB:

Die Lieferung von lebenden Koi, frei von äußerlich erkennbaren Krankheitszeichen, wird garantiert. Die Gewährleistung für später auftretende Krankheiten etc. wird ausgeschlossen. Unter d.o.a. (Dead on arrival) verstehen wir Koi, die bei der Ankunft tot sind. Diese Koi können dann reklamiert werden. Hierfür schicken Sie innerhalb von 24 Stunden nach Ankunft eine e-Mail, in der Sie Ihrem Anwalt mitteilen, um welche Fische es sich handelt. Grundsätzlich müssen Sie ein Foto (digital) der toten Fische senden, um einen Anspruch geltend machen zu können. Diese Reklamationen werden beurteilt und falls nötig vergütet. Reklamationen nach dieser 24-Stunden-Frist sind ausgeschlossen. Im Fall von Reklamationen wird nur ein Ausgleich auf den Wert des/der Fische gewährt. Frachtkosten kommen für den Ersatz nicht infrage und sind somit immer auf Rechnung und Risiko des Kunden. Der Verkäufer behält sich eine Besichtigung der toten Fische vor, da es schon zu Betrugsfällen gekommen ist. Bitte legen Sie dazu die toten Fische auf Eis, bis der Verkäufer eine Entscheidung getroffen hat. Es gilt eine Gewährleistungsfrist von 24 Stunden auf lebende Koi! Ein negatives KHV-Ergebnis schließt nicht zu hundert Prozent aus, dass eventuelle Einzelfälle auftreten können. Für diesen Fall ist jeder Kunde selbst verantwortlich, sodass zu einer Quarantäne von mindestens sechs Wochen geraten wird. Ein Rechtsanspruch besteht nicht!

Die Elemente des vorstehenden Textes werden im Folgenden auf ihre rechtliche Wirksamkeit überprüft, um beim Leser das Bewusstsein für die tatsächliche Rechtslage entstehen zu lassen.

„Die Lieferung von lebenden Koi, frei von äußerlich erkennbaren Krankheitszeichen, wird garantiert". Dieser Satz wird oft formelhaft den AGB vorangestellt. Darin wird aber nur dasjenige beschrieben, was der Händler auch ohne die Formulierung schulden würde, nämlich eine mangelfreie Ware.

„Die Gewährleistung für später auftretende Krankheiten etc. wird ausgeschlossen". Gewährleistungsausschlüsse sind – beim Verbrauchsgüterkauf – rechtlich unwirksam. Dafür sorgt § 475 Abs. 1 BGB, der vorschreibt, dass Vereinbarungen zum Nachteil des Verbrauchers vor Mitteilung eines Mangels unwirksam sind, wenn sie die gesetzlichen Gewährleistungsrechte beschneiden. Gerade bei auftretenden Krankheiten ist ja generell nicht zu sagen, ob die Infektion mit dem Erreger oder die Krankheitsursache zum Zeitpunkt des Gefahrübergangs bereits vorgelegen hat, oder zu einem späteren Zeitpunkt erfolgt ist.

Natürlich ist ein toter Koi bei Gefahrübergang ein Mangel und löst die Gewährleistungsrechte aus. Die Gewährleistungsrechte hängen aber weder von einer Untersuchungspflicht des Käufers oder von weiteren Voraussetzungen ab, weshalb die Verpflichtung, ein digitales Foto machen zu müssen, rechtlicher Unsinn ist. Auch existiert keine 24-Stunden-Frist. Die Gewährleistungsfrist beträgt zwei Jahre, wie oben dargestellt. Auch dies ist zwingendes Recht beim Verbrauchsgüterkauf (§ 475 Abs. 2 BGB).

„Im Fall von Reklamationen wird nur ein Ausgleich auf den Wert des/der Fische gewährt. Frachtkosten kommen für den Ersatz nicht infrage und sind somit immer auf Rechnung und Risiko des Kunden."

Die Beschränkung der Gewährleistungsrechte auf einen Ausgleich in Geld ist unwirksam. Im Gewährleistungsfall stehen dem Verbraucher die vollen Gewährleistungsrechte, wie oben beschrieben, zu. Die Aufwendungen für Frachtkosten sind immer vom Verkäufer zu tragen. Das bestimmt § 439 Abs. 2 BGB, in dem es heißt: „Der Verkäufer hat die zum Zwecke der Nacherfüllung erforderlichen Aufwendungen, insbesondere Transport-, Wege-, Arbeits- und Materialkosten zu tragen."

„Der Verkäufer behält sich eine Besichtigung der toten Fische vor, da es schon zu Betrugsfällen gekommen ist. Bitte legen Sie dazu die toten Fische auf Eis, bis der Verkäufer eine Entscheidung getroffen hat. Es gilt eine Gewährleistungsfrist von 24 Stunden auf lebende Koi!"

Es gibt keine „Beweissicherungspflicht" für den Käufer. Der Käufer hat ohnehin in jedem Fall die Beweislast für das Vorliegen eines Mangels. Kann er das, wird für die ersten sechs Monate nach Gefahrübergang vom Gesetz vermutet, dass der Mangel schon bei Gefahrübergang vorgelegen hat. Schon gar nicht hängt das Gewährleistungsrecht von einer Entscheidung des Verkäufers ab. Eine Frist von 24 Stunden auf lebende Koi gibt es nicht, weshalb diese Bestimmungen unwirksam sind.

„Ein negatives KHV-Ergebnis schließt nicht zu hundert Prozent aus, dass eventuelle Einzelfälle auftreten können. Für diesen Fall ist jeder Kunde selbst verantwortlich, sodass zu einer Quarantäne von mindestens sechs Wochen geraten wird! Ein Rechtsanspruch besteht nicht!"

Richtig ist sicher, dass ein Negativattest nicht zwingend die KHV-Infektion auszuschließen vermag. Aber die Übergabe eines KHV-kranken Fisches stellt einen Mangel dar. Dem Kunden bzw. dem Käufer die Verantwortung dafür zu überlassen, ist rechtlich unwirksam. Eine Quarantäneverpflichtung des Käufers gibt es nicht und selbstverständlich besteht der Rechtsanspruch, soweit ein KHV-krankes Tier verkauft worden ist.

Gewährleistung beim „Kauf aus privater Hand"

Prinzipiell gelten die Gewährleistungsrechte auch beim Kauf aus privater Hand. Allerdings kann der private Verkäufer wirksam sämtliche Gewährleistungsrechte ausschließen. Dafür ist aber eine Vereinbarung der Vertragsparteien notwendig.

Beispiele für Gewährleistungsausschlüsse sind:

„Gekauft wie gesehen unter Ausschluss der Gewährleistung" oder „Die Gewährleistung wird ausgeschlossen". Im Zweifel muss der Verkäufer beweisen, dass ein Gewährleistungsausschluss vereinbart worden ist.

Die Arglisthaftung

Sowohl den privaten wie auch den gewerblichen Verkäufer trifft immer die sogenannte Arglisthaftung. Arglistig handelt ein Verkäufer immer dann, wenn er den Käufer vorsätzlich über verkehrswesentliche Eigenschaften täuscht. Dabei kann die Täuschung in Form von wissentlich unwahren Angaben erfolgen. Eine Täuschung liegt aber auch dann vor, wenn der Verkäufer von sich aus, und damit ungefragt, nicht über Tatsachen aufklärt, die auf die Kaufentscheidung des Käufers generell Einfluss nehmen. Beispiele sollen das verdeutlichen:

Wird der Verkäufer etwa nach der Herkunft, dem Alter, Infektionen oder anderen Dingen gefragt, hat dieser wahrheitsgemäß zu antworten. Ungefragt hätte z.B. der gewerbliche Verkäufer darüber aufzuklären, wenn der Koi schon einmal verkauft war und in einem privaten Teich geschwommen ist, dann aber wieder zurück zum Händler gekommen ist. Denn der Käufer erwartet beim Händler einen neuen Koi.

Die Arglist hat der Käufer nachzuweisen. Gelingt ihm das, haftet der arglistig handelnde Verkäufer vollumfänglich auf Schadensersatz.

Die Garantie

Die Garantie ist von der Gewährleistung grundlegend verschieden. Eine gesetzliche Garantie gibt es nicht. Sie existiert immer nur dann, wenn der Verkäufer ein sogenanntes Garantieversprechen abgibt. Tut er dies, haftet er auch dafür. Wird zum Beispiel eine Garantie dahingehend abgegeben, dass der Koi „in fünf Jahren auf mindestens 80 Zentimeter heranwächst", liegt ein Garantiefall in fünf Jahren vor, wenn der Koi in seinem Wachstum dahinter zurückbleibt. Die Garantieerklärung ist nicht auf den Zeitpunkt des Gefahrübergangs beschränkt, sondern gilt die gesamte Garantiedauer über. Während der Garantiedauer kann also zu einem beliebigen Zeitpunkt der Garantiefall eintreten. Sowohl Inhalt der Garantie als auch die Garantiedauer sind in der Garantieerklärung des Verkäufers enthalten.

Kritik

Gewährleistungsrechte im Verbrauchsgüterkauf sind richtig und wichtig. Nur weil der Koi ein Lebewesen ist, muss sich der Käufer nicht mit weniger zufrieden geben. Gewährleistungsrechte zwingen den Handel, alles zu unternehmen, um gesunde Tiere in den Handel zu bringen. Das ist die Aufgabe des Handels. Merkwürdigerweise scheint im gewerblichen Koihandel die Vorstellung verbreitet, dass die Übergabe eines irgendwie lebenden Tieres geschuldet ist, mehr aber auch nicht. Der Rest soll in der Verantwortung des Käufers liegen. Diese Fehlvorstellung wird durch unwirksame Bestimmungen in den AGB genährt. Die Käufer scheinen das in der Vergangenheit akzeptiert zu haben. Dafür hat nie Anlass bestanden.

Teichoptimierung

(Negativ-Checkliste)

Treffen diese Faktoren zu, dann hat Ihr Teich Verbesserungspotenziale:

- ☐ Stromverbrauch hoch (Teichgröße 100 m³, pro Stunde ist der Verbrauch aller Aggregate höher als 1 Kwh)
- ☐ Falten in der Folie
- ☐ Kein Bodenablauf
- ☐ Kein Skimmer
- ☐ Pumpe im Teich installiert
- ☐ Pumpe am Skimmer installiert
- ☐ Kein Überlauf zum Kanal
- ☐ Keine Frischwassereinspeisung
- ☐ Verwendung von Regenwasser
- ☐ Keine Teichbelüftung
- ☐ Keine Filterbelüftung
- ☐ Nur eine statt zwei Pumpen/Belüfter
- ☐ Umwälzrate des Teichvolumens geringer als zweimal pro Stunde
- ☐ Keine Heizung
- ☐ Kein Überlauf zum Kana

Teichbauprotokoll

zur Ermittlung der Grundlagen für einen neu zu bauenden Koiteich

Adresse des Teichs: ____

Auftraggeber: ____

Allgemeine Kenntnisse der Koihaltung		
Verfügt der Auftraggeber über Kenntnisse in der Koihaltung	☐ ja	☐ nein
Verfügt der Auftraggeber über Kenntnisse im Betrieb einer Teichanlage	☐ ja	☐ nein
Kennt sich der Auftraggeber mit Koi aus	☐ ja	☐ nein
Der Auftraggeber wurde darüber informiert, dass ein Koiteich viel Energie verbraucht	☐ ja	☐ nein
Der Auftraggeber wurde darüber informiert, dass ein Koiteich viel Wasser verbraucht	☐ ja	☐ nein
Lage des Teichs (sonnig, halbschattig, schattig)		
vereinbartes Teichvolumen		
vereinbarter Fischbesatz in kg		
vereinbarte Nutzung (nur Fische/Schwimmteich)		
Koiart (Japankoi, Eurokoi ...)		
Pflegeaufwand pro Tag/Woche/Monat	___ h pro Tag/ ___ h pro Woche/ ___ h pro Monat	
Wasserklarheit, welche Anlage gilt als Vergleichsobjekt		
Schwebealgenfreiheit	☐ ja	☐ nein
Fadenalgenfreiheit	☐ ja	☐ nein
Frischwasserverbrauch pro Woche		

Wasseranalyse Ausgangswasser			
pH-Wert		Ammonium	
Nitrit		Nitrat	
Orthophosphat		Gesamtphosphat	

Eisen II		Eisen III	
Carbonathärte		Gesamthärte	
bei Grundwasser: Herbizid-Index			

Material/Technik		
vereinbarte Teichabdichtung ☐ PVC Folie ☐ LDPE-Folie ☐ GFK ☐ Andere		
vereinbarter Volumenstrom pro Stunde		
vereinbarte Filtertechnik		
vereinbartes Rohrmaterial		
vereinbarte Umwälzpumpen		
vereinbarte Heizung für den Teich		
welches Temperaturprofil wird dem Betrieb der Anlage zugrunde gelegt		
Wie laut darf die Teichanlage (technische Geräte/Wassergeräusche) sein, welche Anlage wird hier als Vergleich herangezogen		
Wird ein Futterautomat verwendet	☐ ja	☐ nein
besondere Umgebungsbedingungen		
Soll der Teich fernüberwacht werden	☐ ja	☐ nein
Werden der Teich und seine Aggregate täglich überwacht	☐ ja	☐ nein
Ist eine Schulung der Koibesitzer gewünscht	☐ ja	☐ nein
Bemerkungen		

Es wird vonseiten des Planers (Auftragnehmers) ausdrücklich darauf hingewiesen, dass ein Koiteich der regelmäßigen Kontrolle durch den Besitzer oder einer von ihm autorisierten Person bedarf (mindestens alle zwei Tage). Fische sind Lebewesen und können als solche naturgemäß auch in bester Umgebung erkranken, ohne dass die Haltungsbedingungen dafür die Ursache sind.

Die vorhergehenden Punkte wurden mit dem Auftraggeber besprochen und gelten wie dargelegt als vereinbart. Darüber hinausgehende Vereinbarungen gibt es nicht. Jede Veränderung der Spezifikation bedarf der Genehmigung von Auftraggeber und Auftragnehmer, um Vertragsbestandteil zu werden.

Datum, Unterschrift Auftraggeber Unterschrift Auftragnehmer

Teichbauprotokoll

zur Ermittlung der Grundlagen für einen neu zu bauenden Koiteich

Adresse des Teichs: ______________________________

Auftraggeber: ______________________________

Allgemeine Kenntnisse der Koihaltung		
Verfügt der Auftraggeber über Kenntnisse in der Koihaltung	☐ ja	☐ nein
Verfügt der Auftraggeber über Kenntnisse im Betrieb einer Teichanlage	☐ ja	☐ nein
Kennt sich der Auftraggeber mit Koi aus	☐ ja	☐ nein
Der Auftraggeber wurde darüber informiert, dass ein Koiteich viel Energie verbraucht	☐ ja	☐ nein
Der Auftraggeber wurde darüber informiert, dass ein Koiteich viel Wasser verbraucht	☐ ja	☐ nein
Lage des Teichs (sonnig, halbschattig, schattig)		
vereinbartes Teichvolumen		
vereinbarter Fischbesatz in kg		
vereinbarte Nutzung (nur Fische/Schwimmteich)		
Koiart (Japankoi, Eurokoi ...)		
Pflegeaufwand pro Tag/Woche/Monat	___ h pro Tag/ ___ h pro Woche/ ___ h pro Monat	
Wasserklarheit, welche Anlage gilt als Vergleichsobjekt		
Schwebealgenfreiheit	☐ ja	☐ nein
Fadenalgenfreiheit	☐ ja	☐ nein
Frischwasserverbrauch pro Woche		

Wasseranalyse Ausgangswasser			
pH-Wert		Ammonium	
Nitrit		Nitrat	
Orthophosphat		Gesamtphosphat	

Eisen II		Eisen III	
Carbonathärte		Gesamthärte	
bei Grundwasser: Herbizid-Index			

Material/Technik		
vereinbarte Teichabdichtung ☐ PVC Folie ☐ LDPE-Folie ☐ GFK ☐ Andere		
vereinbarter Volumenstrom pro Stunde		
vereinbarte Filtertechnik		
vereinbartes Rohrmaterial		
vereinbarte Umwälzpumpen		
vereinbarte Heizung für den Teich		
welches Temperaturprofil wird dem Betrieb der Anlage zugrunde gelegt		
Wie laut darf die Teichanlage (technische Geräte/Wassergeräusche) sein, welche Anlage wird hier als Vergleich herangezogen		
Wird ein Futterautomat verwendet	☐ ja	☐ nein
besondere Umgebungsbedingungen		
Soll der Teich fernüberwacht werden	☐ ja	☐ nein
Werden der Teich und seine Aggregate täglich überwacht	☐ ja	☐ nein
Ist eine Schulung der Koibesitzer gewünscht	☐ ja	☐ nein
Bemerkungen		

Es wird vonseiten des Planers (Auftragnehmers) ausdrücklich darauf hingewiesen, dass ein Koiteich der regelmäßigen Kontrolle durch den Besitzer oder einer von ihm autorisierten Person bedarf (mindestens alle zwei Tage). Fische sind Lebewesen und können als solche naturgemäß auch in bester Umgebung erkranken, ohne dass die Haltungsbedingungen dafür die Ursache sind.

Die vorhergehenden Punkte wurden mit dem Auftraggeber besprochen und gelten wie dargelegt als vereinbart. Darüber hinausgehende Vereinbarungen gibt es nicht. Jede Veränderung der Spezifikation bedarf der Genehmigung von Auftraggeber und Auftragnehmer, um Vertragsbestandteil zu werden.

Datum, Unterschrift Auftraggeber　　　　Unterschrift Auftragnehmer

Literatur

Bachmann, Harald (2007) Koi, Band 1. Rhein-Main Koi-Vertriebs GmbH

Bauer, Werner H. (1998) Gewässergüte bestimmen und beurteilen. Parey Buchverlag Berlin

Baur, Werner H. ,J. Rapp Gesunde Fische. MVS Medizinverlage Stuttgart

Bohl, Martin, P.Bach (1998) Zucht und Produktion von Süsswasserfischen. DLG-Verlag

de Kock, Servaas, R. Watt (2007), Handbuch der Koi-Pflege. Verlag Eugen Ulmer

FLL Forschungsgesellschaft Landschaftsentwicklung und Landschaftsbau e.V (2006) Empfehlung für Planung, Bau, Betrieb und Instandhaltung von privaten Schwimm- und Badeteichen

Hickling, Steve,B. Brewster (2002) Koi. Verlag Eugen Ulmer

KLAN - Koi Magazin, Nishikigoi Verlag

Landwirtschaftskammer Niedersachsen (2010), Ordnungsgemäße Fischhaltung

Lekang, Odd-Ivar (2013) Aquaculture Engineering. Wiley Blackwell Publishing

Mudrack, Klaus, S. Kunst (2003) Biologie der Abwasserreinigung. Spektrum Akademischer Verlag

Niehaus-Osterloh, Monika (1998), Koi- König der Gartenteiche. Tetra-Verlag

Schäperklaus, Wilhelm, M. v. Lukowicz (1998) Lehrbuch der Teichwirtschaft. Parey Buchverlag Berlin

Schwoerbel, Jürgen, H. Brendelberger (2005), Einführung in die Limnologie. Spektrum Akademischer Verlag, Heidelberg

Steffens, W. (1985) Grundlagen der Fischernährung VEB . Gustav Fischer Verlag Jena

Takahara, T. et al.(2014). Effects of daily temperature fluctuation on the survival of carp infected with Cyprinid herpesvirus 3. Aquaculture 433: 208-213

Timmons, M.B un J.M. Ebeling (2013) Recirculating Aquaculture Third Edition, Ithaca Publishing Company

Register